王小毛
—作品—

人民日报出版社

目 录

CONTENTS

ONE

小城市里，
也没有你想要的现世安稳

你不具备解决大城市问题的能力，未必就具备解决小城市问题的能力。不管我们最终要去过怎样的生活，都不要以一个逃兵的姿态撤退。

即使江湖永不相见，分别姿态也要好看・003
你可能只是擅长考试，并不是真优秀・009
我从不示弱，你爱来不来・020
只是不想活得那么身不由己・025
小城市里，也没有你想要的现世安稳・031
恐惧被权衡，不如经得起权衡・038
你正在过你配不上的生活吗・044
骑驴找马时，别嫌驴难骑・050
狭隘的你，只会让自己的路越走越窄・056

TWO

你无须学会管理时间，
你只需管好你自己

生活是有弹性的，时间也是有弹性的。一天并不像我们想的那样从日出到日落，它不是一条硬邦邦的线段，只要你用心，你可以让太阳爬得慢一点，可以让星辰停得久一点，实在留不住日月星辰，你还可以在自己心头点上一盏明灯，去发现更多可以走的小路。

比努力做事更累的，是无所事事・065
爱情里的分寸感，最残酷也最温柔・070
你要知道自己为何而忍受・078
你无须学会管理时间，你只需管好你自己・083
房子那么贵，你却用它装破烂・089
你用自律获得的快乐，他只能通过放纵来获得・094
公共卫生间里的免费厕纸哪儿去了・099
实在不行，找个人嫁了更不行・104

THREE

如果逃不掉，
那就迎上去

在人生的不同阶段，在烦琐的生活中，处处都是战场，时时都被为难。我若不战而降，生活将许我短暂的平静和表面的安稳；我若打败生活，我可许自己永远的无忧和真正的安乐。

你是我最熟悉的陌生人·113
一个外行的自我修养·119
你应该有一套自己的消费法则·127
如果逃不掉，那就迎上去·133
还是身体的痛更痛·139
尽量做一个优雅的"上帝"·145
讲究人也要能将就·151
真心永远可贵，真诚永远无错·159

FOUR

默默追逐梦想，
就像用纸包着火

梦想就像住在我们心里的星星小火，在它没有形成燎原之势的时候，我们该做的，就是围拢着它、保护着它，不让任何风吹灭它。如果你够努力，且是幸运的，终有纸包不住火的那一天，到时你发光、发热，就是对这个世界、对自己的人生最好的交代。

所谓成熟，就是看得见人间百态·169
默默追逐梦想，就像用纸包着火·176
恋爱不是青春的期末考试·181
普通人为什么不能与有钱人做朋友呢·190
你的好，父母想让全世界都知道·196
未必求婚之人卑微，未必被求之人矜贵·202
被父母"掰翅膀"的滋味·208
若你归来不再少年，也要一直灿烂·216

【后记】在你们眼中，写作的女人长什么样·223

ONE

小城市里,
也没有你想要的现世安稳

你不具备解决大城市问题的能力，未必就具备解决小城市问题的能力。不管我们最终要去过怎样的生活，都不要以一个逃兵的姿态撤退。

即使江湖永不相见，
分别姿态也要好看

　　自大学毕业工作至今，我换过大大小小几家公司，自己离过职，也经历过同事离职，更听说了很多离职故事，有那么几个人，让我印象深刻。

　　第一个人是罗工，他算是我在工地实习时的上司。那时候，项目经理让我跟着他去现场积累实际工作经验，然后配合他做一些预算工作。我在那里待了一段时间，点灯熬油地完成了一个小项目的预算数据。后来，因为种种原因，我辞职离开。大概过了两个月，项目经理打来电话，我们聊了聊近况，挂断前他向我提起，罗工前几日向他提出涨工资的要求，但他没有同意，于是罗工便离职了。

离职不算稀奇事，尤其在工地，但罗工走得不那么地道。他提前半个月以家中有人住院急需用钱为由向项目经理支取一个月的工资，提加薪要求被拒绝的当天晚上不声不响地离开，没有和任何人打过招呼，而且还带走了自己当初留下的身份证复印件以及我们当初共同完成的预算数据。很多工地上的小项目组是没有人事部门的，也不提供保险待遇，员工想走随时可以，真是一点儿牵绊都没有。

"你说说，他平日里要积攒多少委屈才能做出这样的事情来报复，但凭良心讲，我没亏待过他，我给他的工资高于业内水平，而他并没有为项目进展做过更多的贡献，不涨工资也很正常。退一万步讲，他要是有更好的去处，我也不会绑住他不让他离开，人往高处走嘛！但他没有必要也不应该带走项目预算数据！他大概是不想在这个行业里混了吧。"

说到最后，项目经理很气愤。在确定我不知道罗工的下落之后，他才挂断电话。

我确实不知道罗工彼时在哪里高就，但从前在一起共事时，曾多次听他提起，他在这个行业里干够了，早晚要回老家开火锅店。

所以他才会把事情做得那么难看，来向所有人宣告这些年他忍得多辛苦、挨得多难受，以至于连善始善终的耐心都没有。

正如项目经理所说，他是真的不打算在这个行业继续做下去，也不打算在这个城市待下去，所以才敢于放肆一把。他大概觉得，既然江湖永不相见，给彼此留个好印象似乎并没有比自己出口恶气更有意义。

第二个人是朋友公司的员工小刘，一个应届大男孩儿。小刘是公司客户介绍来的，朋友自然不敢怠慢，为他安排销售的岗位，还为他划分了很出业绩的片区。但小刘似乎并不领情，他只是把这份工作当作自己考公务员期间赋闲在家赚点儿零花钱的暂留地。小刘几乎天天迟到早退，经常以销售人员要巡店为由不去公司上班，等到公司真的需要他去店里沟通的时候，他从未有一次及时到位。那个片区自他接手以来，销售额急剧下降，店内经常断货缺货，应收账款无故被拖延几个周期，每次盘点必有短缺。一开始，朋友不知情，曾气势汹汹地拿着合同跑去店里理论，结果被人家怼回来："我们已经连续一个月没有见到你家销售了！想找人谈促销都找不到！你来和我们算账，不如回去好好管理自己的员工！"

朋友经营的是小本生意，本就养不起闲人，更何况还是个有破坏力的闲人。思忖再三，在人情和公司存亡之间，朋友自然选择后者。与那位客户打好招呼后，朋友便辞退了小刘。

这样的员工，早该辞退。但谁都没想到，一段时间后，小刘竟然以"节假日加班没有调休也没有支付加班费"为由，把朋友告上了法庭。

朋友说："自他来我这里，连正常的工作日都缺勤，何谈加班？其他销售确实有加班，多年来一向如此，这是由公司性质决定的，但他没有加过班啊！分内之事没有一件能做好，开除他之后我还要收拾一堆烂摊子，他还有脸来告我？"

实际情况所有人心知肚明，但法律讲求证据，而且相较于企业，劳动者是弱势群体。内部所有人都知道小刘是个不称职的销售人员，但在法官眼里，他只是个被开除的劳动者。他缺勤是因为要去巡店，早晚不打卡是因为要去外埠出差，这本就是合理合规的，既然其他销售人员如此，从理论上讲，小刘也该如此。

朋友最终败诉，赔了小刘一笔钱，窝火至极。后来又听同事私底下说，小刘已经成功考取公职，基本上此生不会和他有任何交集。日后再提起这个人、这段经历，朋友只能无奈地说："我认栽了，遇人不淑啊。"

第三个人是朋友的同事老王。她们原本在一个小组配合共事，多年来还算顺利。后来，朋友休产假。当月末，老王便向老板提出加薪申请并暗示自己有可能离职。事实上，朋友休产假期间，老王并没有增加任何工作量，也没有做出什么特殊贡献，可以说这个加薪申请提得无依无据，再加上她流露出的离职意向，怎么看都有一丝要挟的意味。大概她觉得朋友休产假之后，公司内部人员短缺，在这个关口最怕人员流失，老板迫于大局也一定会同意的。但她没有搞清楚，在她的申请层层向上报批的过程中，她的上司、她上司的上司可能出于培养新人太麻烦的考虑忍了她这"审时度势"的一出，但她的老板才不会吃这一套。部门工作如何安排、是否缺人与老板何干，那是部门领导的事，老板只知道，你将我一军企图让我陷入被动局面简直不能忍，加钱就继续做，不加钱就走人，好啊，你走吧，看看你到底有没有那么不可或缺，公司离了你是否还能继续运转！

老王最后不得不灰溜溜地离职，不管她是否真心想走。朋友和同事们后来提及此事，都觉得老王此事做得并不地道。摊开来讲，换作旁人，如果没有找好下家并不是非走不可，如果没有受到不公对待，一定不会在公司最缺人的时候提出这样"不仁不义"的要求。想必她也权衡了许久，最终还是决定赌一赌老板的心性和自己对于公司的重要性，殊不知，地球离了谁都照样转，即便她赌赢了，她也输掉了自己在这家公司的脸面和前途。

在我们漫长的职业生涯中，总要经历几次离别。从这个职位到那个职位，从这个行业到那个行业，很多时候，转身即永别。明知日后江湖永不相见,我们到底有无必要以一个好看的姿态离开他人视线?这最后一番经营,到底有无意义?

我想是有的。话不说满、事不做绝,今日河东、明日河西,你以为的永不相见,也许只是你留给未来的一个坑,千万别等到自己要被埋的时候才后悔当年的无知与冲动。退一万步讲,有朝一日回忆往事,你是希望你过去的每个阶段都充斥着没有出口的不满、临门一脚的算计、当头一棒的快感,还是希望每一个阶段无论好过与否都能在接近尾声时全部释然?人生总是艰难的,无论我们是选择逃离还是告别,都应该抱着善始善终的心态,留给自己一个整整齐齐的、平平和和的过去。时过境迁,无论我们何时回头看自己,都不会因为看见自己仓皇的、落寞的、狭隘的一面而耿耿于怀自己当时的执拗和不成熟,对人对己,都有交代。

正因为有可能江湖永不相见,才不必留下仇和怨,在他人心中定格最不好的一面,给自己留下报不了的仇和释然不了的怨,大概就是最生动的人生烂尾。

所以,请好好告别,在任何时候,不论对方是谁。你应懂得一点,即便你不在江湖,江湖也永远都会留下关于你的传言。偌大的世界,兜兜转转,千万别让那些永不相见的盘算,变成转角的难堪。

你可能只是擅长考试，
并不是真优秀

当年大学毕业后的第一份实习工作，是去丹东一家建筑公司下属的项目组做预算员。预算员只是岗位名称，实际工作内容是跟着施工员打杂。我们那个项目组，当时有一位年轻的施工员，他过来工作的时候，顺便把自己的女朋友带在身边。对于那个小姑娘，我至今仍印象深刻。那是一个特别聪慧、特别热情、特别俊俏的姑娘，因为家中经济条件不好，早早辍学，后来去蛋糕店从学徒做起，慢慢成长为可以独当一面的烘焙工。我们当时负责的那个项目位置很偏僻，吃住条件都不好，小姑娘担心男友难以适应，就辞了蛋糕店的工作来陪他。当时，他们两个人从宿舍里搬出来，在附近的居民那里租了一间房子,支起锅灶过起了小日子。小姑娘每天给男友做饭、洗衣,日子久了也很无聊,于是就天天跑到工地上来玩。

起初,我和她的男友算是一个小组,经常配合着用水准仪、经纬仪等仪器测量数据。小姑娘来工地后,我慢慢发现,她的男友更喜欢和她配合,经常把我晾在一边。

时间一久,我就有种被"架空"的不舒爽。于是找她的男友谈,我说我才是这个项目组的正式员工,你的女友只是家属,而且还不具备专业知识,你怎么能让她来做我的工作呢?

他点起一支烟,嘿嘿一顿乐,直接说了句:"说实话,别看你学历比她高,但她可比你聪明多了,有些东西我教你需要三天,教她只需要一个小时,我的女朋友,我随便培养培养,就能取代你。"

我发誓,那是我这辈子最有挫败感的时候。以至于十年后再回想起这件事,我都要隔着时空为当时的幼稚和无知感到羞愧。

彼时我大学刚毕业,正处于心气儿最高的时候,我和我的同学一样,都觉得自己是个人才。我们去人才市场找工作的时候,姿态都非常昂扬,都喜欢用"有发展潜力""学习能力强"来标榜自己。我们都觉得研究生毕业就该去做研究生的工作,本科毕业就该去做本科生的工作。这个世界,学历可以把阶层固化,人人都该去过与自己的阶层相匹配的生活。

然而,有个人忽然跳出来告诉我,一个初中没毕业的小姑娘,把我的工作做到得心应手,根本就是分分钟的事。

而事实也确实如此。我时常茫然无措地看着他们两个人,在一起配合着测量数据,小姑娘调平水平仪的速度比我快很多,我从笨手笨脚变成碍手碍脚,存在感慢慢消失,于是,不得不逃离。

走之前的晚上,小姑娘和她男友请我吃饭。他们告诉我,项目经理已经同意让小姑娘接替我的工作。我酸溜溜地说:"你真的好棒,学得这么快。"那个小姑娘一脸的不谙世事,说:"姐,我当初只是觉得很好玩儿啊,再说一点儿都不难,比学做蛋糕简单多了!"

我真的差点儿喷出一口老血,无地自容。

在回沈阳的路上,我一直在反省,更多的是惶恐,因为我隐隐感觉到,现实并不是我所想象的那样,现实不存在固化的层次,也没有所谓的等级秩序,不管我们对自己有怎样的定位,只要打开现实这扇大门并打算走进去,就必须要面对这样一个事实:现实不是连线题,你在未来那里寻不到对应的答案,并不是你觉得自己应该匹配某种生活你就能过上某种生活,你在学校里镀上的那层金身,出了校门,必须脱下。

在后来的工作经历中,我不断与不同的人接触,其中有高学历的、有低学历的、有没学历的,有名校出身的也有泛泛学校出身的,面对条件比我好或者比我差的人,我无一例外隐匿了曾经那种可笑的优越感,学历甚至一度成为我的桎梏和难以启齿的痛点,让我变得更加自卑。

我怎么能不自卑呢?曾经我觉得自己很优秀,在那么艰辛的环境中,咬牙坚持下来,考上了高中,考上了大学,走出了山沟沟,改变了自己的命运,听起来多么励志啊!按照这个路线,我应该一路高歌,一步一步往上爬,直至爬上人生巅峰,我的生活、工作、婚姻、配偶、子女、消费水平、伙伴、同事等,都应该与我趋上的人生发展态势相匹配,但现实告诉我,我其实不具备匹配这种生活的资质。而我之所以会产生这种错觉,产生这种欲望,完全是因为我读了一所大学;能进大学校门又能说明什么?说明在求学的那些年,我一关一关闯过来,考得比别人好;考得比别人好,又能说明什么呢?说明我比别人聪明吗?但现在看来,我和那个小姑娘对新知识的接受速度存在明显差异,足以说明我只是有机会参与筛选、比别人擅长应对考试,而已。

某天,我在微博上看到这样一条消息,某名校曾针对近十年的学生发展情况做了调查,发现那些万里挑一的好学苗,在日后的发展中，多数表现出每况愈下的状况，看似高分精英，实则资质平庸，根本就是来错了地方，占用了自己配不上的教育资源。

想想便可明白其中的道理，促使他们当年迈过高门槛的高分是怎么得来的？是通过题海战术、押题策略、埋头苦学、老师引导等途径。现实中，那些升学率很高的名校，他们在让学生们拿到高分这方面，都特别有一套。

于是，如果你不"上进"，资质反倒变成并不是那么重要的东西，直至大家进入社会后，彻底现出原形。现实会亲手撕掉那些华丽的包装，你该是什么样的，你就是什么样的，谁还管你是否有地方安放那些高高在上的优越感呢。

这些年，我与很多人共事，越发觉得自己的平庸与普通，我在接受教育方面花费的精力，我家人在这方面花费的成本，并不是特别有用的筹码，所以，我再也没有愚蠢地说出这样的话，或者说我连这样的念头都不敢有："我学历比你高，凭什么赚的钱还没有你多？"

直到有一天，我和我的新同事一起等公交车，她在公交车站台上，愤愤地对我说出这样的话。

我笑着反问她："为什么你觉得自己学历比我高，就一定要赚得比我多？"

她不屑地看着我，说："我可是某师大的硕士啊！"

确实是好学校、好学历，可以把我秒成渣渣。我不再与她争论，因为再说下去，她一定会觉得我在嫉妒她。

我的这位新同事，从小到大一路绿灯，读的都是当地的一流学校，最高学历是某师大心理学硕士，她是我们单位学历最高的员工，但她也是我们单位收入最低的员工。

原因？很简单，人资招聘的时候会看看学历，正式工作的时候领导只会看能力。公司每天在非常现实的市场中参与竞争，效益决定生死，大浪淘沙之际，市场会因为你有个高学历的员工就对你手下留情吗？

况且，在日常接触中，大家都发现，这位员工真的实在是太糟糕了。不仅能力与学历不符，人品与所受教育更是不匹配。对外，她的优越感太强，不太肯去适应项目中的乙方角色，没有为客户服务的意识，她对每一个客户都充满了不满和抱怨，觉得自己工作不顺的原因都是因为客户太差劲；对内，她眼高于顶，不屑于与我们平等相处，她只有在有求于人的时候，才会主动与别人沟通，而且求人姿态很高，总是能把我们对她的帮助变成我们的荣幸。

她与我同屋，在空闲时间负责找话题、调气氛的人，一直是我，而她永远都是低头玩着手机顺便给我一些"嗯嗯啊啊"的应答，她只有在需要我的时候，比如带早餐、求指导的时候，才肯抬起头，将目光飘向远处，主动与我说话。

每一天，她都表现得像一只误入鸡群的仙鹤，我也实在想不通，既然总觉得那么委屈，为什么不去让自己不委屈的地方一展英才呢？

答案谁都清楚，但谁都不忍心挑破。她若自己不肯正视现实，谁都没有必要去强迫她。

我们的同事情谊，其实从一开始她就是拒绝的、瞧不上的。但导致我们关系破裂的，其实是一张电子表格。

那段时间，公司调整薪酬计算方案，主任把方案模板上传到QQ群的共享文件中，并要求我们自己下载填写。等我填好自己的那份后，我的这位同事让我把下载完毕的模板传她一份，她说她找不到，后来我才知道，她只是不会下载而已。

我说："你稍等，我帮你下载一张空白表格。"

我下载后传给她，她没有接收，反问我："你为什么不能把你做好的那张传给我呢？"

这种要求让我瞠目结舌，我做好的表格填的都是我自己的薪酬信息，不谈这是个人隐私，公司也不允许员工之间互通薪酬水平。我再次拒绝，她竟然直接爆发，觉得我小气，但还是接收了那张我传给她的空白表格。

直到后来我才知道，她想要我做好的表格并不是想窥探我的隐私，而是因为她不会用Excel！她所有的求和操作，都是自己用计算器一个一个算出来的。被主管发现后，她非但不低下头来求教,反而给出这样的解释"我喜欢这样算,习惯了"。

那一刻,我觉得此人太不可思议,遂又想起,在我主动与她交好的日子里,她从未停止对我的打击和嘲弄:她瞧不起我出身农村,话里话外尽是嘲讽;她在我提起自己的母校时忍不住撇嘴,只差在脑门上写上"垃圾学校"四个字;她发现我处理稿件的速度比她快时,常当着我和领导的面,说只求速度就是不负责任,会砸了我们公司在业内的招牌,直到她自己连续两本稿件质检不合格她才肯噤声。

这期间又发生了很多琐事,让我与她的关系一直处于紧张与缓和的交替状态中。但后来的一件事,让我决定必须彻底与她划清界限。

彼时,她已有两本书稿没有通过质检,挫败感很强,加之工作速度慢,严重影响收入,作者们也不是很配合,她的心情很不好,整日摔摔打打,抱怨连天。大多数人,职业发展到如此境地,总要自我反省一番,找找改进的方法,或者虚心与同事交流交流经验,但她没有,也不肯。在工作质量方面,她把所有责任推给作者和领导,她觉得作者原稿太差,领导审稿不力,导致给她增加了很多额外工作量,她费了很多力气,结果还是没有通过质检;在工作速度方面,她认为是因为领导把所有不好做的工作都分配给她,才导致她效率低下,她做出如此判断的依据是:别人看起来都做得很快很顺手,而她总是磕磕绊绊。

说来说去,她唯独巧妙地避开了主观能力这个因素。有时候,听着她费尽心机地为自己找各种理由,就会特别希望能有个泼辣的小姑娘站出来,冲她喊一句我们憋了很久的话:"你就是个人能力不行,说那么多废话干什么?"

某天,她把自己看不下去的书稿推给了领导,领导也不惯她毛病,又给她推了回来;后来,领导把一本看起来很有深度的书稿分给她,这次,她直接推给了我。

当着我和领导的面,她说这样的书稿她看得很辛苦,而且处理不好质检不合格还会被罚钱,她不想白费工夫,她觉得她需要缓一缓,想要看点儿简单的、错误率低的。

领导被这种直白的不要脸搞得一时语塞,毕竟职场上很难见到这种画风的员工,最后只好问我的意见,我收下了那本书稿,不然怎么办?

当时我是什么状况呢?怀孕31周,每天都非常不舒服,并且准备处理完手头上的事务就开始休产假。在我怀孕期间,我一直一如既往地工作,从不奢望谁来照顾我,平等对待总可以吧?但我的这位一向自命不凡、自视甚高、牛气哄哄的同事,就这样把砸到她头上的大麻烦轻飘飘地甩给了我这个孕妇,并且理直气壮,毫无愧疚之心。

公司请她来，不是为了解决问题，原来是为了制造新问题呀！

从那以后，我觉得她不是能力有问题，根本就是人品有问题。有时候，做事的差距，就是做人的差距。

那一刻，我仿佛回到十年前。当年那个小姑娘给我带来的挫败感，如今全部变成了优越感。挫败感源于我曾经对自己的错误认知和定位，让我开始重新审视自己、认识自己，肯于脚踏实地，重新上路；而优越感源自我从这位同事的身上看到了自己的成长和成熟，至少，我可以保证，以后无论我去哪里工作，我都不会变成如她一般的笑话。

其实很多人都有这样的共识，在如今的社会环境中，还单单把学历拿出来说事或者标榜自己，真的太不合时宜。如若再把一切优越感建立在自己的学历之上，更是不堪一击。在高学历的人群中，不乏真正有能力、有智慧、有品行的人，但他们终究只是表里如一的少数人。很大一部分人，其实就是通过有效应对考试的方法和途径才拥有金光闪闪的高学历的，在那条制造高分产品的流水线上，"产品们"最终拿到的只是一块敲门砖，并不是受用终身的铁布衫！

我的那位同事，一直在偷偷找工作，她原本就是抱着骑驴找马的心态来与我们共事的。其实，我特别衷心地希望她能早日找到如意归宿，不必再这般终日委屈自己，顺便给旁人添堵。在这个过程中,但愿能有她肯放进眼里的人,好心规劝她一句:"先把 Excel 表格的操作好好熟悉一下吧,十几个数据求和,勉强可以用计算器代劳;成千上万个数据求和,用计算器真的一点儿都不好玩儿。"

我从不示弱，
你爱来不来

姚佳佳今年 32 岁，通过相亲，谈过两场恋爱，最终都以失败告终。每每提起姚佳佳的情感问题，作为她曾经的媒人之一，小静通常会翻个白眼，叹口气，然后恨铁不成钢地说："姚佳佳呀，她根本不需要爱情！"

这话，从何说起？

某个周末傍晚，我在超市的大门口偶遇姚佳佳。彼时她已采购完毕，正打算把一车的东西往外倒腾。那天，她买了一桶食用油，一小袋大米，一提卫生纸，各式蔬菜、水果及生活用品若干。我上前与她打招呼，正想问问要不要帮忙，只见她已经麻利地把这些东西分门归类，悉数挂到了自己的身上。即便如此,她仍有力气与我告别:"我就不跟你聊了,袋子里有速冻饺子和三文鱼,我着急回家冷藏。"

"我帮你送回家吧!"

她头也没回,脚步未停,大声说:"不用啦,我家就在下一个交通岗那里,近得很!"

就这样,我目送着她中气十足地负重前行,直至消失在人群中。

没有人知道为什么,身高155cm、体重仅90多斤的姚佳佳,能释放出那么大的能量。了解她的人都知道,她是个特别独立要强的姑娘,修得了灯泡,装得了系统,扛得动大米。所有女孩子拧不开的饮料瓶盖,她几下就能拧开;可但凡是她拧紧的瓶盖,却没几个男人拧得开。小小的她,总是意气风发,正能量爆棚,似乎搞得定一切事情。因此,当遇到麻烦时,其他姑娘习惯扮演萌妹子求怜悯,而她只会大手一挥,大义凛然地说:"让我来!"

周一上班时,在目睹了姚佳佳帮助前台小李给饮水机换了一桶水后,小静再次忍不住了,午休时坐到姚佳佳旁边,用手指戳了下她的大脑门儿,说:"佳佳呀,我得和你谈谈了。"紧接着她问了姚佳佳一句:"知道你为什么总也找不到男朋友吗?因为你已经把自己变成了自己的男朋友。"

姚佳佳对这种雌雄同体的评价似乎还挺受用,一直嘿嘿笑着。小静拍着她的肩膀痛心疾首地说:"你适当柔弱一些不行吗?你是个女人,女人怎么可以负重20公斤还保持健步如飞?怎么可以扛起一桶水时连呼吸都不乱一下?你这个样子让男人们情何以堪呀?"

说这话时,姚佳佳正拎着一把铁锤非常专注地帮助小李修理桌子,"当当当"几下,桌子得到加固,小李满眼星星地看着姚佳佳,而刚刚释放了男友力的姚佳佳,甩了甩马尾,特别洒脱地回头对小静说了句:"那我就找个柔弱的男朋友,我来保护他呗!"

事实上,自姚佳佳错过适婚年龄后,但凡和她有点儿交情的人,都曾语重心长地给予她类似的警告:作为一个女人,不要抢着扛起男人的担当,不要超常发挥把自己活成全能王,要给身边的男人留一点儿发挥的空间。你若一直把自己照顾得这样好,如何让男人参与你的生活?

对此,姚佳佳表示特别不理解:"我自强自立,尽量不给任何人添麻烦,自己能做的事情自己做,怎么反倒成为一种性格缺陷了?这些我自己能解决的问题,为什么要假装解决不了,留着给男人解决?"

没有人知道这样做对不对,但很多人就是这样做的。

比如小静。她其实和姚佳佳一样,既拎得动大米,也换得了桶装水,单身的那几年,她也是一枚力量型选手。但从她恋爱开始，她的武力值直线下降，她身上所有的能量似乎都跑到了她老公的身上。我们不止一次嘲笑她装柔弱，她照单全收，用一种过来人的口气说："你们只听说过情商、智商，那我这就叫爱商。你不示弱，怎能得到怜爱？你无法激起男人的保护欲和表现欲，请问谈恋爱谈什么？"

在实际生活中，小静的这套理论很吃得开，姚佳佳拒不认同。她不用男士拎包，不用男士开门，不用男士搬椅，也不用男士埋单。她身形很小，但气场十足，哪怕对方人高马大，也总能因她产生许多挫败感。对此，姚佳佳得出的结论是："他们想找依附性人格的姑娘，刚好我不是，而已。"

每次看到姚佳佳，我都觉得特别亲近，因为我也是和她一样的人。长期以来，我也如她那般强劲，一人撑起一片天。也有很多人向我灌输"女子应以柔克刚"的理念，但我没有听信。一直自强下去，与审时度势地弱一场，这是两条路，没有对错，是我自己选择走前一条。只要我足够独立、自强，把自己照顾得很好，就永远可以自信十足地等待属于自己的爱情，而不是整日为日渐增长的年纪和皱纹心生惶恐。

现实中的很多女人都和姚佳佳一样，渴望爱情和婚姻，但不愿意掩饰本色，不甘心坐在台下只做一个为另一半鼓掌、帮另一半增强存在感的人。明明是我们自己就能扛起的事情，为什么要转移到别人的肩膀上？我也始终无法真正认可，一个什么都指望别人帮忙的姑娘，会比一个把生活经营得井井有条的姑娘更有魅力。

姚佳佳永远都是姚佳佳，过去力大无比，现在飒爽铿锵，以后气吞山河。她没有脱单只是因为她过去遇到的男人太弱，而她自己太强，不相配而已。退一步讲，那得是多弱小的男人，才需要女人拱手河山讨他欢，他既那么需要绽放男性魅力，倒是自己去开拓舞台呀！只能承担一些女人自己就能承担的事，竟还觉得是很好的表现，是否段位太低？很多人不需要这种冒充骑士的表演。

生活已如此艰难，我们更要尽全力让自己活得体面、从容，我独立、自强，像个男人一样活着，不是因为我不够温柔，而是因为我想在那个对的人出现之前，尽可能更多地解决掉生活中的麻烦，而不是攒着一堆麻烦去呼唤那个人出现。

现实中的姚佳佳们，珍惜你所拥有的能量吧，无须随波逐流，终有一天，会有那么一个人，看得懂你们扛大米、换水桶的风情，然后手捧真心，穿越人海，来给你们那早已繁花似锦的生活再添一朵绚烂的花。

只是不想活得
那么身不由己

9月是我最喜欢的月份，但每一年的9月，我的惆怅都特别多。在我早起叼着面包搭车上班的时候，在我坐在电脑前被一堆工作折磨的时候，在我坐在包厢饭桌旁说着一些违心的应酬话的时候，在我赶高铁去外地出差的时候……我时常会看着天空发出这样的感慨：

"这样好的天气，我最应该做的事，是和家人好友去外面消磨、游荡，可是我还要去上班，人生真的好艰难啊！"

那时，抬头可见几朵云在天边绽放，随着轻风，悠悠飘荡，所过之处，擦拭出一片让人心醉的蓝。温暖的阳光倾泻而下，穿过城市小巷两边的大树，撞出一地零碎的金黄。一阵清风拂过，不见了夏日的湿热，细细嗅来，还有几分果实的甜香。几对年轻的小情侣拖着手，无忧无虑地在街边晃悠，让我不禁想起我那枯燥孤单的过往，还有逝去的青春。

唉。

此时此刻，我竟坐在车里，像个局外人一样，准备奔赴生存的战场，面对车外面的美好与恬静，除了深感内心苍老，更多的是无奈与后悔。

无奈是因为我的责任心、欲望、现实、生活质量等因素，迫使我不太可能放肆地活着。

后悔是因为在我对这个世界的广阔还一无所知的时候，在我对9月的美好还不会心生留恋的时候，我没有好好把握那些迟钝的时光，去为今天的我，拼一份想停下就停下的底气和资本。

这几年，我逐渐对"身不由己"这几个字有越来越多的感触，甚至有时会觉得，美好的人生，就是被这几个字彻底毁掉了。

有人说，身不由己才是人生常态，人人都有很多身不由己。在这个世界上，没有人能真正过上随心所欲的生活。你找到了自己喜欢的事情，并一直为之努力，已经算是少数的幸运儿了。

说这话的人，他在做着自己并不感兴趣的工作，每天都要做出很上进的样子,他需要通过努力赚取一家人的生活来源,房贷、养车钱、孩子的奶粉和尿布、对父母的责任,还有他自己失去劳动能力后的保障;他和相亲对象结婚了,因为综合权衡过后,对方的各方面条件与他更合适,虽然他心里更喜欢那些个性鲜明的女生,但现实中的婚姻不是英雄儿女浪迹江湖;每到节假日,他都特别害怕接到上司打来的电话,可是每当那个让他惧怕的电话号码闪动的时候,他总能在两秒钟内调动体内所有的正能量,让对方能够感受到,他是一个好员工,随时做好了被差遣的准备;面对难缠的客户,他心里常常有一万匹神兽呼啸而过,但是他的脸上,永远不露痕迹地挂着虔诚的、礼貌的、温暖的笑容;平日工作中,总有那么几个同事让他感觉不快,他不想与那些人共事,也不想与那些人说话,可是,面对工作任务,他还是会放下所有怨念,笑着说"我们是一个团队呀,一起加油"。

这就是最现实的生活。对于普通人来说,一切情怀、尊严、渴望都可以或者都必须被牺牲掉,来换取我们生存的口粮。很多可以用钱来解决的问题,就是很多人一辈子都解决不了的问题。很多所谓的身不由己,其实原因很简单,就是账户里没有足够的支撑自由的钱。

你为什么要活得那么累?很多人问过我这样的问题。

毕业后,我好像一直没有过得太悠闲,一直都在工作中。

刚毕业的那几年,业余时间,我曾去烤肉店做服务员,去出国中介做派单员,去商场做临时促销员,写过杂志,写过报纸,写过儿歌……我不放弃任何一个赚钱的机会,也深知自己能力有限,不可能成为辞掉工作、破釜沉舟而后创业成功的励志女性,我能做的,就是尽自己所能、充分利用所有时间让自己别闲下来,一点一点地积累。

在我还欠着助学贷款的时候,工作再不开心、同事再不友好,我也不敢表露一丁点儿的不满,只能默默消化这一切,因为我知道,赌气离开了这里,我可能会舒心一小时,但在自己能力不够、就业压力甚大的当下,我可能要艰难地熬很久。

在我没有负债并有了一点儿存款的时候,我开始敢于让自己活得更舒展一些,对于一些不合理的、不公平的遭遇,我可以说"不",大不了就离开,因为离开后我能活。

当我的物质生活越来越好的时候,曾困扰我的很多烦恼、焦虑、畏缩都不存在了,我可以不必一直靠心态活着,而是可以照顾自己的心情。

对于我们这些普通人来说,努力赚钱真的很累,但是,当你感到身不由己的境况越来越少的时候,就会发现,这些累都是值得的。我们很难彻底摆脱身不由己,但是我们可以让自己被生活为难的次数越来越少。

所以，我为什么要活得那么累呢？

不想因为价格放弃一件特别喜欢的衣服，不想因为预算太少睡不够舒适的床，不想因为他人脸色活得唯唯诺诺，不想因为得不到而退一步劝自己知足常乐，不想爸爸妈妈在人前矮一头、在人后叹息，不想自己的孩子太早懂事，不想自己的伴侣独自艰辛撑起一个家，不想自己找不到位置、显不出价值。

有人说，欲望是不会终止的，你只会想要得更多。

我想说，有一种想要，是急迫的，是刚需的，是关乎尊严和心境的；有一种想要，是从容的，是淡定的，是关乎成就感与精神享受的。普通如你我，拼尽一生，也许还实现不了前者，又何必为拥有大把自由之后衍生的空虚和自我实现的欲望而忧虑呢？

每一次给妈妈打电话，她总是会跟我说："你不要再那么累了。"但她从不肯用这样的话劝自己。她和爸爸辛辛苦苦把我们三姐弟养大，明明已经到了可以享受生活的阶段，但他们始终还是不肯停下来。他们在老家，不放弃任何体力可以承受的赚钱机会，依旧过得很忙碌、很辛苦，我反过来去劝他们的时候，他们总会说："我们能自立的时候，就不想麻烦你们。"

我懂他们的意思。即便生了我们、养了我们，但于他们而言，面朝我们手心向上的境遇也是一种身不由己，在任何时候、任何关系面前，唯有自己拥有才算真的拥有，才可能活得理直气壮。

今日你多辛苦一分，来日你的腰杆儿便能挺得更直一些。从某种程度来说，你能毫无畏惧地说出多少次"不"，决定了你的人生质量。说到底，能真正支撑你无限次说出"不"的因素，不是你年少无知，也不是你有家人托底，更不能靠你的胆量和冲动，而是你真正有那个底气。

所以，我不是在努力赚钱，我只是在为自己日后不假思索的拒绝积攒更深厚的底气。这份底气会让我的人生之路越来越窄、口味越来越挑剔，让我更加接近原来的自己，不必强迫自己悦纳一切，在愈加苍老的年纪，还能活得像个孩子。兜兜转转之后，我在人生历程中体会了酸甜苦辣，但终究还是能找回童时的天真无邪，这才是真正的圆满吧。

小城市里，
也没有你想要的现世安稳

"我觉得这里不适合我，我打算回老家了！"

说这话时，小桔低下头，一脸平静，抿了口面前的奶茶，然后把头转向窗外。外面熙来攘往、川流不息，各色行人匆匆奔走，恨不得赶在明天的前面过完今天。这时，有位打扮得很漂亮的女士路过奶茶店的橱窗，气质飒爽，虽然穿着防水台高跟鞋，但如履平地，走得昂扬有气势。小桔把目光锁定在她身上，眼波流转间，许多复杂的情绪倾泻开来。

那位女士，曾是小桔想成为的那种人。

两年前，小桔研究生毕业，带着满腔美好的憧憬来到这里。和许多不谙世事的社会新人一样，她对自己即将面对的生活一无所知,有些许盲目乐观:我年轻,我有拿得出手的学历,我有一颗积极向上的心,我还有美好的梦想,那么,我应该不会过得太差吧。

但际遇这东西,有时候非常诡异。它喜欢给暗夜送去一根火柴,更喜欢给飞扬的面孔准备一盆冷水。很多人在涉世未深的时候,也都喜欢拿自己拥有的软硬件条件来衡量和预测未来的生活水准,但现实总要教会他们这样一件事:当下把事情想得太简单,往往会让自己以后过得很艰难,你会很快丢掉天真,猝不及防。

小桔的工作找得并不顺利。和绝大多数毕业生一样,她在选择工作时,会去搜索公司规模和业界影响力,会关注职位名称的体面与否,会计算所付薪水能支撑自己过上怎样的生活,会考虑办公环境是否优越有排场,会无知地询问一些关于"职业生涯发展"的形而上的问题,会强调一些自认为能够作为筹码的所谓履历,会刻意展示自己的个人形象和个人魅力,唯独不会考虑:公司为什么要我?我能为公司带来什么?殊不知,这恰恰是公司最为关注的方面。

就好像,他们在挑选工作的时候占据了绝对主动权,他们挤在人才市场中,不是因为被选择,只是为了在诸多职位中,为自己的欲求匹配一个合理的选项。

那段日子,小桔的自信心被打击得快要变成负值。甚至有些她自认为"屈尊"投出的简历,也没能获得期待的回应。有人问她近况,她常说:"总是遇不上合适的工作。"

其实,并不是没有合适的工作,而是,想让不合适的工作变得合适,需要调整的,是她自己。但她没有意识到这一点。

过了几个月,在账户里的钱即将花完之前,小桔总算得到了一个试用机会。对于那份工作,她不是很满意,但迫于生活,她只能抱着骑驴找马的心态,先把自己安顿下来。

磕磕绊绊工作三个月,小桔受尽白眼和职场冷暴力,在即将转正之前,她辞职了。

她说:"我觉得这里不适合我。"

这三个月试用期赚的钱,足够支撑小桔度过一段无业的时光,专心寻找适合她的工作。她重新包装自己,也从上一份工作中学到些职场经验,很快得到了另一家公司的聘用。

小桔在这家公司做了两年,公司内部人际关系较为简单,每个人只需要本本分分地做好自己的工作即可。薪资水平也还可观,又与小桔的专业对口,本以为她能一直做下去,但某一天,她又生出辞职的念头,这次,她的理由是:"我不适合这种生活。"

这种生活是哪种生活呢?

离家千里之外,一个人租住在破旧的筒子楼里,每天早起和一群不友好的大爷大妈挤公交车,为了省钱,要自己带饭、要自己做饭,不敢买太贵的衣服和名牌包包,没有太多的闲钱去旅行,偶尔装把小资想讲究一番也感觉非常吃力。更重要的是,以她的条件,在这座城市里找不到条件好一些的男朋友,只能去找和她境遇差不多的对象捆绑在一起供房供车,想通过婚姻走捷径的路基本被堵死。而凭她自己,想要在这里安身立命,几乎不可能。

最重要的是,在这座城市里,实在缺乏稳定的生活和看得见的未来,她害怕自己奋斗到三十几岁,仍然要面对从头再来的窘境,她耗不起。

所以,经历了重重挫折的她说:"我觉得这里不适合我,我打算回老家了!"

小桔后来报考了老家一所中学的教师招生考试,为此准备了很久,还特意花钱参加了培训学习,最后被如愿录取。她离开公司的时候,又恢复了初来这座城市的神采奕奕。说实话,老家中学的教师岗位也不是铁饭碗,环境一般,薪资不高,待遇也一般,但她总觉得,这种一眼就能望到老的妥当生活,可能更适合她。

小桔工作半年后,经同校老师介绍,与当地的一个公务员谈了一段以结婚为目的的恋爱。结婚时,两人相处不足半年,但条件比较合适。大家原以为小桔就此拥有了现世安稳,颇为她祝福。但不出半年,她似乎又从这种现状中发现了"不适合"自己的地方。

老公很无趣,一点儿浪漫都不懂,婚姻生活没有滋味。

工作很累,组长让她带一个班级,每天早上七点半就要到校组织学生早自习。

学生很淘气,课堂上她镇不住场面,自己也没有办法实施管理,甚至被气哭多次。

家长很难缠,不理解也不支持班主任的工作,都觉得自己的孩子特别优秀,想让孩子进步又不能容忍学校的管教。

小城镇实在太小了,连电影院都没有,感觉自己要与现代社会脱节了。

每天都要上课,实在是太累了。

每节课都要重复讲一些烂熟于心的内容,特别无聊,一想到这种生活要过几十年,就特别绝望……

她说:"这种生活也不适合我,我想参加公务员考试,去社区工作,只要轻松就好。"

朋友们向她列举了一些社区工作人员需要面对的无奈之处,但她似乎没有听进去,执意要试试。

至此,从大城市的小白领到小城镇的中学老师,从小城镇的中学老师到小社区的工作人员,这些年,在本该择业拼搏、择城终老的年纪,小桔一直在干一件事:寻找容器。

是的，她一直在寻找一个能够正正好好把自己的个性与欲求包裹起来的容器，要不留一丝缝隙、不产生一丝摩擦、不存在一点儿适应的强制性需求，保证一切尽如她意。

但我们都知道，这是不可能实现的。

谁也不知道她未来会怎样，但她确实成了很多人的反面教材和参考实例。尤其是那些厌倦了大城市的快节奏、很想退回小城市享受岁月静好的小伙伴，他们开始思考、开始审视自己：究竟是因为什么要离开？是否对离开之后的生活有更理智、更清醒的认识？以后的生活该如何安排？

毕竟，到了一定年纪按照人生规划主动离开大城市去小城市终老，和因为在大城市混不下去而不得不退回小城市继续混生活，还是有本质区别的。

有规划的离开，一定会把大小城市的利弊考虑得面面俱到；但不得已的离开，纯粹是绝望之后的冲动逃离，只挂念着那里民风淳朴、没有竞争、生活成本低廉，根本没想过，这种无压力的现状，源于无动力、无生气的地域特色。而且，小城市就算没有大城市的问题，也会有它自身的问题，你不具备解决大城市问题的能力，未必就具备解决小城市问题的能力，如果一开始就没有想明白，回到小城市的生活，也一定不会现世安稳，还是会鸡飞狗跳。

所以，不管我们最终要去过怎样的生活，都不要以一个逃兵的姿态撤退。如果你觉得这份工作不适合你,那你应该等到自己能做好业务之后再走;如果你觉得这个城市不适合你,那你应该等到自己有能力适应这里之后再走。我们不该让下一个选择,成为我们无能的接盘侠。人这一生,总要经历些许动荡,每一个阶段,都该倾尽努力为它画上完美的句号。希望等到我们老了以后再回首往事,我们能够看到一步一步踏实前行的脚印,而不是一个又一个烂尾工程。唯有不过抱头逃窜的生活,人生才能过得从从容容。

恐惧被权衡，
不如经得起权衡

人人都有趋利避害的本能，只是，在我们还不够成熟的时候，无法坦然接受这一点。但事实就是这样的，不管在你心里爱情如何纯真、友情如何无私、亲情如何珍贵，那些你觉得很重要的人，都曾暗暗把你放到一杆秤上，称称你有几斤几两。

所谓的岁月静好，不过是他不戳破、你不追究而已。

生活里的权衡，到底长什么样子呢？

妈妈当年和爸爸结婚的时候，姥爷曾托人暗访过爸爸一家，最后得出的结论是"这户人家是正经过日子的人，小伙子踏实肯干"，而后姥爷才放心地同意妈妈嫁给爸爸。

姐夫当年追求姐姐时，看中的是姐姐比较老实、本分；而姐姐会答应姐夫的追求，是因为她觉得姐夫为人热心、处世活络。

我当年选择和小崔在一起，是因为我想找一个性格温和、和我出身条件相似、彼此尊重、愿意为我改变、对我好的男人；而小崔会和我在一起，是因为我很努力、上进、独立，又不在意他经济条件不佳的现实。虽然他没有在口头上承认过，但当我听到他"只是因为喜欢我才在一起"的解释时，照单全收，并不打算刨根问底。

曾认识这样一个姑娘，她的择偶标准非常奇怪，一定要找一个留在当地工作、但老家在千里之外的男人结婚。后来，她如愿以偿，我们这才明白她的用意所在。当我们为婆媳问题、婆家亲戚心生烦恼的时候，她和她的婆家人一直保持着陌生人一样的关系。结婚三年，只跟着老公回过老家一次，权当是旅游，来回机票万八千，只这一条，就足以构成她可以不经常回婆家的正当理由，而一向节俭的婆婆和老公也不觉得有什么不妥。

有个条件不错的男生最终选择与比自己大很多的姑娘结婚，姑娘不美，有过婚史，在世俗眼里，两人似乎不般配，有许多朋友和亲戚无法理解，男生父母更是无法接受。但那个男生坦陈：她年龄比自己大，生活经验更多，为人处世更有分寸；长得不美没关系，容颜是最经不起时间磨蚀的东西，性格才是最重要的;有过婚史能怎样,第一段婚姻失败又不是她的错,她反而更懂得珍惜现在的幸福生活;而且,女方工作好,收入高,有房有车,独立自强,与她结合生活质量更高。既然如此,我为什么要放弃这样一个注定省心、舒心的伴侣,只因为年轻、漂亮、没有婚史或者为了满足大众的标准和要求,而去追求那些又作、又幼稚、又不独立的小女孩儿呢?

现实吗?真的很现实。感情如此,职场也是如此。

一家公司陷入经营困难,不得不做出裁员的决定。而"权衡"二字,必定贯穿整个裁员过程。

公司领导最终留下了不那么敬业的小 A,裁掉了兢兢业业的小 B。为什么?因为小 A 背后更有人脉,能给公司带来更多资源和便利。

一向在公司很有人缘、颇得领导欢心的小 C 意外出局,平日里似乎不受待见、不会经营关系只知道埋头干活儿的小 D 被留下。为什么?公司都快倒闭了,谁还愿意养那些油嘴滑舌、不干实事的马屁精啊,能凭一己之力顶起两人责任的员工才是刚需呀!

当所有人都以为曾和领导发生争执的小 E 必死无疑时,一向温顺乖巧、领导指哪儿打哪儿的小 F 提前领盒饭走人。为什么?因为傀儡的创造力和开拓力有限,而那些一向个性鲜明、底气十足的员工也许能给公司注入新的活力。

我们出去找一份新的工作，从笔试到面试再到最后的录取，需要接受无数上司和部门领导的权衡，学历、工作经历、婚否、育否、出身、背景、年龄、相貌、谈吐、特长，甚至连星座和酒量都会成为考量因素，不管这其中体现出多少不合理和不公平，但现实就是这样。而你在投递简历的时候，也不是盲目的，你也要在薪酬、工作环境、上升空间、社会地位、福利待遇、休假等方面做出权衡。

爱情如此，职场如此，友情如此，亲情亦如此。你不会平白无故和一个人成为朋友，即便无利益往来，至少你会看看对方的人品，这个看的过程便是权衡的过程；你不会对所有的亲戚一视同仁，那些对你好的、帮助过你的亲戚，在你的心里，一定重要过那些没有能力帮你或者不肯对你施予援手的亲戚，哪怕他们只有三叔和四叔的区别。

看看，这就是这个世界本来的面目。每个人都想获得自己想要的，都有自己看重的，都想实现个人利益最大化。在人性面前，人人都曾有过所谓龌龊、卑鄙的一面。就连我们想去帮助一个人，也要权衡一番对方是不是扶不上墙的烂泥，毕竟，谁愿意白费苦心呢。

成年人对现实的运转规则心知肚明，所以才能成功避开所有易于暴露自己真实面目的雷区。只要大家忍住不去掀掉盖在每个人身上的遮羞布，生活就会一直和谐下去，我们也会天真善良到老。

你看，这就是真实的生活，你可能会觉得失望、伤心、无可奈何，但你有没有想过，你之所以痛陈现实丑陋，很可能是因为，在各种权衡中你总是被放弃的那一个。而与你相反，总是有那么一群人，他们从来没有在选择和被选择中伤到一丝一毫的自尊与身心。

你说，我没有办法，很多事情不是我能左右的。我不美，不聪明，没有深厚的背景，没有好的出身，没有人见人爱的气场，我能有什么办法呢？是的，没有这些似乎不是你的错，但我想说，在你所有被放弃的经历中，未必次次都与上述因素有关。

你不美，那你有没有用心让自己变美，美不仅包括面容美和身材美；你不聪明，但勤能补拙，你够努力吗？你愿意付出十倍于聪明人的汗水吗？你没有背景，没有好的出身，这些东西很多人都没有，但多数人之所以仍心存希望、不甘心沉沦，就是因为我们还可以通过其他方面来填平这个坑；你没有人见人爱的气场，是否意味着你从不肯修炼自己的品性和人格，看不到或者不肯接受自己的缺点，没有哪个拒绝完善自己的人可以成为一个无限接近完美的人，你更不例外。

不要惧怕权衡，权衡虽然会把你的劣势摆到明面上，更会把你的优势也摆到明面上。一番权衡过后，一部分人会暗淡下去，也会有一部分人发光发热。关键在于，你身上具备哪些核心竞争力。

所以,在面对这个实际上充满恶意的世界之前,不妨先静下心来好好自省一番吧,亲情、友情、爱情……这些冠之以"情"的群体都不愿意包容你的一无是处,遑论其他呢?任何看起来无理由、无原则的宠爱和偏袒,实际上都是理由和原则博弈的结果。而最终决定结果如何的人,其实就是你自己。

你正在过
你配不上的生活吗

沈阳这地方特别奇怪,早上出来时,眼见着乌云密布,天压得极低,感觉随时都能下一场大雨,但实际上往往都要憋上一整天,铆足了劲儿把这场大雨下在下班晚高峰时段,阻断打卡族们回家的路。

那日傍晚,我和写字间里的小伙伴们躲在旋转门处躲雨。其中有个小姑娘或许有事等不及,猛地冲进雨里,直奔不远处的公交站。这场景也是常见,但不常见的是,她没有像其他人那样用手里的包包遮住头顶,而是把那个大包包塞进自己的外套里,大概害怕保护不周,全程还猫着腰。

刚刚她站我身边的时候,我有留意那款包,是某品牌的经典款,这款包有很多人背,我不是行家,分不清真货和高仿,但通过刚才她在雨中奔走的姿态,我猜她背的那只一定是真货。

那么,换作是你,你舍得用多少钱的包包给自己挡雨?

关于这个问题,我问过一些人,得到的答案各不相同。有人说,超过四位数的包包就该好好爱护,淋一点点雨算得了什么;有人说,我才不看价钱,我看自己有多重视,我重视的包包,再便宜也不能用来挡雨,我没那么重视的包包,再贵也可以随时变身雨具;有人说,包包就是包包,一个外物,再贵也没有我自己重要,只要我不淋湿就行啦……

最后那位姑娘,并不是很有钱,也没买过几只名牌包,她用过地摊货,也用过限量款,品位和喜好不定。有段时间,她特别喜欢一款小布包,天天背着上班,当成宝贝一样。可是某天,老家亲戚给她快递了一包腊肠,下班时她连想都没想就把那包散发浓浓气味的腊肠丢进那个萌萌的小布包里,从此后,我再也没见她背过那款包。后来,她通过去国外度蜜月的闺密代购了一款名牌包,贵得要死。有天,我们一群人在路口等红灯,前一天刚好下了一场雨,路面还有积水,一辆小汽车在转弯处忽然加速,溅起一米高的脏水,我们下意识地往后退,她则不慌不忙地把那款包挡在身前。小白裙倒是保住了,包被溅得不像样子。

"拿去保养一下吧,邻街那家百货商店里就有这个品牌的专柜。"同行人跟她说。

她则慢悠悠地从兜里抽出两张湿巾,胡乱擦了擦包包,轻描淡写地说:"多大个事儿,天这么晚了,我还急着回家吃火锅呢,它又不是我祖宗。"

这时,一阵小凉风吹过来,我循着那股子劣质湿巾的酒精味儿找到那张淡然的面孔,五位数的包包花着一张脸,衬着她那200块钱的裙子和特价99块钱的鞋,她全身上下的行头加一起不及那款包包的零头,可是在我看来,那款名牌包包,此时此刻,俨然就是她的奴仆。

没有什么生活是她配不上的,哪怕那种生活是她努力一生也难以获得的。这便是真正的从容,落地的骄傲,透进骨子里的自信。那一刻,我特别崇拜她,也不禁开始审视自己,想起自己因为穿一双新鞋连走路都不舍得迈步的窘困时光,在越担心把新鞋子弄脏越会被人不小心踩一脚的懊恼中,我体会到的,尽是辛酸,没有一丁点儿快乐。现在想来,物质上的穷困,并不能真正奴役谁;真正让我们变得畏首畏尾的,是内心的自轻。

我从未正视这样的事实,无论多么昂贵的房子、多么豪华的车子、多么大牌的包包、多么不可错过的恋人、多么重要的客户……其实都没有自己重要。我们没有必要做一个过分自我到失掉分寸的人,但是,当一切外物企图凌驾于我们自身之上时,请务必用坚定的态度表明:我就是很重要。这是人人都该有的气场。

小A很爱吃火锅,但总去外面吃,一则有些贵,二则也不方便。大家建议她,可以在家里吃。现在各大火锅店都提供外售的锅底和蘸料,自己去菜市场花很少的钱就能买到比火锅店品种更齐全的蔬菜、更正宗的肉类、更新鲜的海鲜。到时候,一家人喜气洋洋齐上阵,洗菜、准备锅底,然后围坐在餐桌旁,看着电视,唠唠家常,沟通沟通心事,想吃多久就吃多久,喝多了不用操心找代驾,吃几个小时也不必看服务员脸色,更不必因为环境太过嘈杂而不得不扯着脖子向对面的人吼话。饱餐之后,全家人心满意足地齐上阵,收拾桌子,归拢物件,再来点儿餐后小水果,多美好啊!

大家你一言我一语,说得小A心神向往。但她始终不愿意在家里吃火锅,大家问她原因,她说:"吃火锅会产生很多热气,还会留下一股怪味。我家房子是新装修的,买家具花了很多钱,墙壁用的是最好的乳胶漆和最好的壁纸,我不舍得糟蹋。"

哦,如此说来,住在这样的新房子里,连呼吸都是罪过吧,因为我们呼出的可是二氧化碳呀!

我无法想象小A平日里,是怎样用心呵护她的新房子。

她曾向我描述过，打扫卫生是如何辛苦。每个周末，她都要趴在地板上用抹布一点一点擦拭，细致到地砖的接缝处；她家的饭桌是昂贵的实木材质，她从来不允许孩子在餐桌上摆弄玩具，哪怕不小心磕出一个小坑，她都会心疼半天；她坦承当有穿着深色衣服的客人倚靠她家的墙壁时，她的内心是极其紧张的，日后怎么看，都觉得被倚靠过的那块有点儿黑……她住进了自己精心保养的房子里，房子顺便把她吃定了。在原本应该是用来放松身心的家里，她过得特别紧张。像她这般惶恐折旧的人，又怎么可能忍受火锅的味道残留在室内，四溢的蒸汽侵蚀家里的一切呢？

小A并不缺钱，只是在物质面前，她把自己放得太低。她的房子、她的车子、她的餐桌、她的沙发、她的新发型、她的新衣服、她的包……全都比她自己更重要，全部都是重于她的存在。她珍惜所有外物，以委屈或者拘谨自己的方式。

但事实是，房子装得再豪华，也是用来给人住的，要是连在里面吃一顿火锅都不舍得，那房子就失去了它本来的意义；家具再昂贵，也是买来给人用的，我们要爱惜它、保养它，不代表我们要在它面前活得谨小慎微，不小心磕了那便磕了，有什么大不了，人会变老，物会变旧，这是趋势，无人能挡；包包再大牌，它也是个装东西的容器，即便把它升级为标榜身价的存在，它也只是个配饰，永远不能占据主场；同样，恋人再完美、再重要，他也不能取代我们的全部，我们应该付出真心，珍惜每一段感情，但不代表我们可以没有原则，更不代表我们可以一再自轻、一再退让……

很多种生活是我们过不起的，但没有哪种生活是我们配不上的。在任何情境中，小心翼翼地维系，都不如轻轻松松地面对、大大方方地施展。当所有的事、物、人迎面扑来的时候，能留下的，注定是该留下的；将失去的，也注定是要失去的，谁都兜不住所有的时光荏苒，白的会变灰，新的要变旧，好的要变坏，鲜亮的要腐朽，脆弱的要折断，轰烈的要归于平淡。没事逛逛二手市场，不管是什么物件，即便用了十年还是九成新，那也是二手货，端看这十年来，是它摧残你，还是你摧残它。

生活本就艰难，我们还是努力活得风轻云淡些吧，宁愿背负自己也绝不背负全世界。我在我人生的任何阶段都不分高低贵贱，何种生活我都挨得过，何种生活我都受得起，你安，使一切都安。

骑驴找马时，
别嫌驴难骑

那日午休时间，我正昏昏欲睡，身后忽然传来一声巨响，顿时把我惊醒。听那余音，咣啷啷——咣啷啷——可辨别出是羹匙撞击玻璃杯壁导致的。不用回头看也知道，王女士又开始用内力发泄心中不爽了。

唉，又来了！

我皱了皱眉头，司空见惯，默默平息心跳，假装没听到。

不然，又能怎么样呢？去安慰她？劝解她？开导她？别开玩笑了，这间办公室里的一切，包括我，可能都是导致她不快的源头。

王女士名校毕业，学历甚高，因此心高气傲，当初肯赏光来我们公司应聘,完全是因为我们公司听起来很厉害,职位说出去也很体面,等到一脚踏进来后,她才惊觉误入火坑,名头叫得再响,本质上也是伺候客户的。

偏偏王女士没有伺候客户的耐心和准备,她不屑于给别人当牛做马,自然做得不甘心。

起初,她勉强忍耐;一个月后,她心生抱怨;两个月后,她表现出对这份工作的强烈不适应;三个月后,一笔不菲的奖金暂时安抚了她狂躁的心;四个月后,金钱的麻醉力降低,高强度的工作让她叫苦连天;五个月后,她放下所有矜贵,开始像个怨妇一样,把所有的不满都挂在嘴边,关起门来,整日摔摔打打。

屋漏偏逢连夜雨啊!

王女士入职后的第一次书稿质检没有通过,错误率高达万分之三,不仅被罚款,还被公司领导在群邮件里挂名批评,这件事彻底击溃了王女士的耐性和自尊心。此后,她整日拉着脸,常偷偷摸摸在各大求职网站上游荡,偶尔会找个理由请假出去面试,但一年时间过去了,一无所获,迫于生活压力或者其他原因,她不得不背负着沉重的心情继续留在这里熬日子。

因为已经有了去意,大抵也笃定自己出走只是早晚的事,王女士在日常行为中表现出破罐子破摔的趋向,变得特别没有职员底线。她会直接怼领导,把工作不好干的原因归结为领导筛选稿件时把关不严;她不顾同事感受挑最好干的活儿,把所有麻烦都推给别人,把自己变成职场中的任性小公主,妥妥的作女做派。

倒退五年,我也有过这般无知的时候。那时候,总觉得自己值得去过更好的生活,总是对当下的工作不满意,也从未把那份工作当作自己的归宿,常感觉应该去更好的平台施展才华,而我之所以肯留在那里,体现的是一种大丈夫能屈能伸的境界,完全是为了那份工资,或者说需要一块跳板暂时过渡下。所以,所有的同事我都没放在眼里,所有的经验我都没放在心上,每天一上班,我就开启混日子模式,一边骑着这头驴溜溜达达,一边四处观望,坚信四周应该有匹骏马,在默默地等着我。

初入职场,谁还没有经历过缺乏自知之明的阶段呢?

然后,就这头灰不溜秋的驴,我带着怨气一骑就是四年。

在这四年时间里,我的心一直都长着翅膀,我的焦点一直在远方,一心想起跳,从来没关注过,脚下这片土地并非一文不值,好好耕耘一番,也会有一番收获。但我那时,真的太高看自己了。

而我又不得不面对的事实是,骑驴找马赶了四年的路,我都没有走出自己的一片天,可想而知,问题出在哪里。根本原因就是我太弱了。我始终不愿意面对的真相是，以我当时的能力，就只配拥有那样的生活、从事那样的工作。

后来，我还是辞职了，带着对现实的不满，对过往的不甘。我悲壮地从驴背上翻身而下的瞬间，觉得甚是快意。但在此后很长一段时间里，我都没有找到意识中的那匹骏马，不得不选择步行上路。

一路艰难跋涉，累得气喘吁吁，眼观旁人骑着各种动物从我身边经过，有人欢喜、有人忧患，但都一脸虔诚，人人都可以接受暂时被现实驯服，把所有的狂躁按捺在内心深处，只是为了在没有找到方向的当下用另一种方式走得更快、更远。我这时才发现，在没有马的日子里，能有一头驴骑着，是多么幸福的事情。

后来，大概是上天觉得给我的教训足够多了，于是翻翻手给了我重新做人的机会。我又找到工作了！

事实上，但凡能称其为工作的，都有不尽如人意之处；所谓跳槽，不过是从一个火坑跳进另一个火坑。但从那以后，我甘心收起所有抱怨，无论身处何种环境。因为我终于能放下嚣张的自我，去接受这样的现实：在这个世界上，谁都不欠我的，即便是我认为配不上我的工作、配不上我的人，也都不欠我的。我被困在如何不堪的际遇里，都不是因为这些人和事强留下我，而是我自己没有能力走出去。

道理不就是这样粗暴吗？嫌工作不够好，那你别干啊！嫌对象不够优秀，那你分手咯！你有选择和决策的权利，无人强迫你，唯独不能一边享受着所谓的低等好处，一边表露各种嫌弃，还一边环顾四周寻找金光闪闪的接盘侠，说好听了这叫精致的利己主义，说难听点儿就叫得了便宜还卖乖。你在奔向理想世界的途中，以临幸的姿态随意招惹花花草草，把所有的人与事都当作补给大本营，饿的时候不顾吃相难看，吃饱了反过来嫌弃味道不好，讲真，古代皇帝都没这待遇。

这样刻薄的话，我自然不会对王女士说，说了她也听不进去。

至今，王女士还没找到心仪的好工作，一直为了五险一金和工资，硬生生地凑合着，整日大把大把释放负能量，叹气连连，恨不得在自己的脑门儿上刻上"屈才"俩字。只可惜，旁观者清，落在别人眼里，她适应不了只是因为她能力不够，她其实应该去找一份更差些的、对能力要求更低的工作，也许这样，她才可能获得更多的成就感。

说实话，现实生活中，其实没有几个人能真心把那份用以养家糊口的工作当作事业来经营。区别在于，在面对衣食来源的时候，不同的人抱持不同的心态。有的人，本本分分做事，理直气壮拿钱，虽不热爱，但出于责任心，也能把工作做好；有的人，努力勤勉，积极上进，愿意用更多的付出交换更多的回报,以此迂回着接近自己想要的生活;还有的人,就像王女士那样,整日怀着一种受辱的心态工作,结果,得到现实更多的羞辱还不自知。

真的,在现在这种人力环境和市场经济中,工作这东西,满地都是,说好找,其实不好找;说不好找,其实也好找。如果在原来的岗位上实在干得不开心,觉得辜负了自己,看在钱的份儿上都忍不了,那就痛快离开,对人对己都是解脱,你的未来尚不可知,但等着骑你胯下那头灰驴的人可多的是,千万别占着代步工具磨磨叽叽不赶路,你受委屈都是小事,别耽误了驴的前程。

你看这大大的世界,草原多么辽阔,各种牲畜在奔腾,离开了让你受委屈的驴,你大可以凭自己的本事去追赶,能骑上骏马那是你的本事,能骑上小猪那是你的命数,这一切,还不都在于你自己飞奔的能力。只是千万要记住一点,一切都是你自己的选择,没人强迫你,骑上骏马自然要开心大笑,如若不小心骑了一头猪,也要对猪好一点儿,给它一个笑脸,千万别又怨天尤人,猪何其无辜呀,整日被你骑还要被你嫌弃,天底下可没这样的道理,麻烦你有点儿节操吧。

狭隘的你，
只会让自己的路越走越窄

那日外出办事，路过一家新开业的理发店，看着门面特别小清新，是我喜欢的风格，正好头发也该修理了，就想进去体验一下。

负责接待我的，是一个长得很白净、衣着很简约且没有留杀马特发型的男生，他问我："女士有预约吗？"

"没有。"

"有自己心仪的发型师吗？"

说完这话，我顺着他手指的方向看向挂在墙上的发型师介绍牌，名称各种国际范儿，托尼、皮特、伊莎贝拉、约翰……我忍住想乐的心情，选择了在微博段子中出现最多的托尼。

很早之前我就知道，在一些稍高档的理发店里，我们要称理发师为老师。托尼老师比较高冷，见我选了他，点头示意下便继续忙手头上的活儿。五分钟后，我被小工拉去洗头，被迫仰头看着贴在天棚上的广告，耳朵里不断灌进小工喋喋不休的推销语，在确定我不买任何产品、不办任何会员卡、不购任何包月护理产品之后，小工终于结束痛死人的按摩，三下五除二包住我的头，把我带到托尼老师的工位上。

托尼老师用手撩了撩我的头发，脸上瞬间堆满嫌弃的表情，继而露出一种无从下手和不愿意收拾烂摊子的无奈，叹了口气，问道："你的头发多久没剪了呀？以前都是在哪儿剪的呀？"

我感到很惶恐，说："一个多月没剪了，一般都在家附近的理发店随便剪剪。"

托尼老师听完，冷笑一声，从围在腰间的工具包里掏出一把锋利的剪刀，在手里把玩一番，动作非常狂拽炫酷，思考良久，终于开始咔嚓咔嚓。

在接下来的时间里，托尼老师开启调侃模式，比如我的头发没有任何层次，没有任何造型，基础的薄弱势必会影响他今日的发挥，但他一定会尽全力拯救。他反复询问到底是谁"毁了"我的头发，大有一种要代我找前任发型师算账的劲头，让我颇感不安。

说实话，如果不是办事正好路过这里，我根本不会进来。那个被他贬得一文不值的发型师，我用了三年，个人感觉挺好的。

半小时后，托尼老师的才艺表演结束，他得意地问我："怎么样？是不是感觉好多了？"

我当然只能说好，否则他会接着讽刺我的审美和见识。

付了钱，道了谢，我在门童的友好注视下仓皇离开，并默默把这家店拉入黑名单，永远都不会再来。

这些年，我拉黑了很多家理发店。我拉黑它们的原因不是理发师发艺不精或者态度不好，而是他们都有一个共同的毛病：喜欢贬低同行。我最讨厌理发师露出一脸意味深长的笑，然后问我："你上次是在哪里剪的头发？"

关你什么事哦！

后来，我在买化妆品、买衣服的时候，也遇到过类似情况。每当我提及竞品的时候，那些导购即便不说什么，也会表现出笑而不语的深沉，就好像他们知道对手很多不堪的内幕一样，而我在他们眼里，只是个不知情的、愚蠢的或者没什么审美的消费者，似乎只有这样才能显得他们特别伟大，他们叫卖的品牌也特别伟大。

好好剪你的头发、推销你的化妆品、卖你的衣服，少说几句别人的坏话，很难吗？往小了说，这叫恶意竞争；往大了说，这叫人品有问题。

试想，心胸如此狭窄、心术如此不正，技艺能好到哪里去？那家店、那个品牌能够容忍员工如此暴露做人下限，经营理念又能先进到哪里去？这样的品牌配上这样的员工，绝不会给消费者带来任何舒适的享受。

下面说说我用了三年的那位发型师吧。她原先也是一家大型连锁店的员工，后来自己创业单干。从她三年前第一次为我剪发至今，从未说过任何一家店、任何一个员工的不好，也从未向我推销过任何会员卡和美发产品，她没用过炫酷的英文名，也无须别人称她老师，更不会把自己打扮得特别另类恨不得贴个艺术家的标签在身上，她只是会温和地笑，和你唠唠家常、探讨下护发和美容心得，从不目空一切，从不居高临下。

他们让我联想到写作这个行业。自我入行以来，见过写手互相帮扶的美好，也见过写手翻脸互撕的不堪。大家都是搞文字工作的，彼此恭维起来能写一千字的赞美文，但彼此刻薄起来骂人都是不带脏字的，都是讲究平仄押韵的。有很多隔着网络互骂的写手，大家在现实中都是没有见过面的，但败坏起对方的名声和水平，就像自己已经对对方了如指掌一样。

在这个行业里，某些时候，不善交际不合群会被群讽，有资源不与大家共享会被暗嘲，在某个领域冒点儿头会被一堆人写文批评掀老底。很多人都觉得自己特有节操、特有水平，只是时运不济，然而一转身便把这种自以为的时运不济算在那些走得快的人的身上，仿佛是他们挡住了自己前进的路。

我在做编辑的这几年，曾因为稿子改得太完善而被同事当面质问过。那日在沈阳于洪区新玛特七楼的美食广场，她斥责我把工作做得太认真，只是为了突显自己，把她比下去好在领导面前露脸，不让她好过；也曾因为工作量一直领先而被落后的同事暗讽只求数量不讲质量，直到她自己负责的书稿质检没有通过她才肯愤愤闭嘴。

职场上的那点事儿，大家都懂。但不管我们身处哪个行业，最重要的事情永远只有一件，那就是努力做好自己应该做的事，而不是调动所有情商让其他人都高兴。那些整日挑我刺的人，他们有一个共同点，总是把太多心思和注意力放在身边人的身上，一心只想找到下脚踩的地方，却不知那样只会蒙蔽他们自己的双眼，看不到自己与他人的差距。

其实，我们应该敢于承认，所有的不好，都只是因为自己做得不够好，和别人做得怎样，一点儿关系都没有。你竭力贬低同行,同行仍风生水起。而你,只会揣着自己的嫉妒心在狭隘的世界里,让自己的路越走越窄,让自己的面目越来越丑陋。

TWO

你无须学会管理时间，
你只需管好你自己

生活是有弹性的，时间也是有弹性的。一天并不像我们想的那样从日出到日落，它不是一条硬邦邦的线段，只要你用心，你可以让太阳爬得慢一点，可以让星辰停得久一点，实在留不住日月星辰，你还可以在自己心头点上一盏明灯，去发现更多可以走的小路。

比努力做事更累的，
是无所事事

我瘫在沙发床上，对时间的流逝视若无睹。杂志稿、公众号、新书，虽然欠了一堆债，但孕妇这个身份，让这种欠债的负疚感变得不那么尖锐。这么多年，其实从来没有人要求我怎样，一直都是自己在苛待自己，如今连我自己都开始放松了，那种一泻千里的态势，可想而知。

我在这种浑浑噩噩的状态下，混了一个月。某天，我从爱宝成痴的状态中抽离出来，回顾了下这个月的生活，精神状态陡然从最初的无比轻松过渡到最后的沉重难担。

天哪！我才发现，自己简直快要变成一根废柴了啊！原来，想要变成一根废柴是这样容易啊！

那个月，八小时以内，我的绩效很低，靠着吃老本，勉强通过考核，但收入很低。八小时以外，我一篇新稿都没有写，有编辑来催稿，我还是要靠吃老本，把从前的稿子交了应付了事；新书交稿在即，我一个字都还没动，编辑体谅我，一再说不急不急，而我仗着自己的孕妇身份，竟然就坡下驴地连合约精神都不顾了。

在过去，一个月时间我可以做很多事，无论是物质方面还是精神方面，都能获得很多成就感；而现在，我竟然就眼睁睁地看着一个月的光阴潇洒地在我面前溜走，无动于衷。

那么以后呢？当我再也没有理由去堕落、散漫的时候，我真的还能找回当初那种积极的状态吗？恐怕很难，人的自律性是最脆弱的，打散只需一次，重构必定艰辛。

这时候，再回顾这个月的生活，我会觉得特别焦灼、特别累心。

首先，我觉得自己荒废了自己。除了长胖两斤，一无所获。那种感觉就好像在曾经有迹可寻的行程中，忽然迷失了方向。这种方向感的迷失，让我重新陷入多年前的迷茫感之中，这是一种退步。

其次，我不得不面对我一直坚持的梦想，觉得很对不起自己的梦想。我早早把它悬在那里，在平凡枯燥的日子里靠它止渴，在孤单无助的时候靠它支撑。但这个月，我却能做到懒洋洋地与它对视,就像看一坨挂在房梁上的咸肉。

最后,我放不下自己想要的生活,又无力战胜自己的惰性。这种撕裂,让我感到特别溃败。让我一直不得不把自己列入眼高手低、言行不一的行列中。自己掌控不了自己的感觉,让我特别恐慌。

我陷入一种无边的焦躁当中。自己时常这样想:如果在过去的时间里,我能够继续努力,编辑来催稿的时候我也不至于那么心虚;如果我把握好每一天的空闲时间,新书现在可能已经写完,我可以真正享受轻松的孕期生活;如果前一周每天多写半小时,公众号的每日更文就不会成为我的负担,我也不必忙慌慌地临阵磨枪;如果过去的每一天我都没有虚度,我可能已经写完了一部小说,可能会有更多收获,可能会让我距离自己想过的生活又近了一步……

对未来的幻想,对当下的无力把控,让我成为一个自己所不齿的想得多、做得少的人。当我发现自己已经成为这样一种人的时候,便觉得自己这辈子就要完蛋了,永远都不会过上想要的生活了,将来必定要活在悔意当中。我明明能够预想到蹉跎下去的下场,但就是支配不了自己的身体。

某个周末,我早早醒来,一个人坐在床边看外面的天空,回想着自己现在所拥有的一切。五年前,我还在这座城市里漂泊;十年前,除了债务我一无所有;十五年前,我对未来没有任何构想；二十年前，我以为自己走不出那条山沟。在过去的任何一个人生阶段，我都没想到有朝一日会拥有今天的生活，成为今天的自己，虽然不够好，但如今的我，真的超出我曾经的预想，现在的生活，是从不曾出现在我意识里的生活。

我是怎样一步一步走到今天的呢？就是靠自己不问前程、不思过往的努力啊！

那些日子，我只顾闷头往前走，从不去想象未来会拥有怎样的生活，也不去焦虑自己距离那样的生活还有多远，在想得很少很少的岁月里，我总能静下心来做得很多很多。

我忽然就触动了。下床，洗漱，然后打开电脑，去写我该写的字，还我该还的债。旁边的小崔睡得很沉，一脸的岁月静好；肚子里的宝宝调皮地踢了我几脚，以示鼓励；电脑键盘被我敲击得噼啪乱响，所有的浮躁和焦灼，瞬间得到安置。

我又回到过去的状态了。八小时以内，努力工作；八小时以外，努力追逐梦想。旁人说我兼顾了工作、家庭和梦想，我浑然不知，只觉得自己在努力平衡生存和生活。

这大概就是对劳碌命最好的注解。闲下来，内心深处会搭起嘈杂的小剧场；忙起来，内心深处才会变得安宁恬静。能被自己自由利用的时间总是很分散，然而，在缝缝补补的过程中，我获得了前所未有的充实感，翻看自己一点点积累的文字，我终于有颜面面对自己。

是的，就是这样的。相较于身体的疲惫，内心的疲累才更折磨人。劳动一天，美美睡上一觉，便可缓解；然而那些匿在内心深处的欲望蠢蠢欲动时，是不可能靠睡觉来解决的，第二天早上醒来，我们只会更累，因为你会发现，它好像离我们更远了。

家人亲友总会说，你已经很好了，不要再那么拼了。他们不了解的是，我那么努力并不是想要过多么丰裕的生活，我只是想让自己更心安，想让自己在未来想真正休息时，不必再找任何冠冕堂皇的借口，而只需告诉自己：你完成了你想完成的所有事，你可以肆无忌惮地体味生命了。然后，我没心没肺地活着，理直气壮，心甘情愿。

爱情里的分寸感，
最残酷也最温柔

郝佳和老马离婚的第二天，叫了一帮朋友去家里吃饭，美其名曰"人生重新面对更多选择"。席间，她竭力表现出对失婚的不在意，动不动就拿"谁离了谁还活不了呀""离就离，老娘早就过够了"当下酒菜。朋友就算傻，但是都不瞎，郝佳那泛红的眼眶、噙在眼里的泪珠，还有眼神中的慌乱、无助、迷茫，谁都看得出来。只是既然她要装坚强，大家便也只能怀着又疼又气的心情陪她一起撑。酒过三巡，她终还是绷不住了，遥望一阵当初挂结婚照的墙面后，便伏在桌上大哭，瞬间现了原形。

她后悔了，后悔当初不该那么作。

平心而论，老马真是匹"好马"，但古人有言："马善被人骑。"郝佳和老马从恋爱到结婚，大概维系了十四年时间。这十四年，是郝佳作威作福、得寸进尺的十四年，是老马无怨无悔、全身心付出的十四年。就在大家看得津津有味、陆续将老马树立为人夫的典型时，这出一个愿打一个愿挨的情景剧终于出现惊天大逆转，老马憨笑着，撂挑子了。

印象中，郝佳就没为老马做过什么事，这话说得有点儿大，别说事了，连一顿饭郝佳都没为老马做过。2007年夏天，他们一起毕业，一起留在这座城市里，一起找工作。老马很顺利地签了公司，而早被老马惯出一身公主病的郝佳，事业发展极其不顺，大概直到2009年，她才稳定下来，有了一份给交五险一金的工作。

没工作的那些日子，郝佳过的是什么日子呢？

每天早上，老马5点钟起床做两个人的早餐。郝佳嘴刁，牛奶面包打发不了，外面卖的豆腐脑油条又嫌糙，天天要喝粥，今日牛肉蛋花粥，明天就要皮蛋瘦肉粥；小菜不吃便利店里袋装的，一定要自己榨油现拌。蓬头垢面吃完后，有时直接跳回被窝，连碗都不洗。家里的每个角落，都摆着老马买来给她缓解无聊的零食，她经常像只老鼠一样缩在被窝里咔嚓嚓、咔嚓嚓。午饭自己也很少伸手，有时老马给叫外卖，有时老马早上就顺便给做好。至于晚餐，也要等着老马回来做。老马的同事甚少叫他出去聚餐,因为大家都知道,他家里有个生活不能自理的成年宝宝,嗷嗷待哺。

老马这个人,郝佳随便使;老马的钱,她随便花。一开始,她也时常会陷入"自己何德何能"的困惑中,但老马总是会温柔地笑着说:"宝贝,因为我爱你呀。"

郝佳工作稳定后,两个人见了双方家长,很快步入婚姻。婚后,老马延续宠溺路线,郝佳继续无法无天,顶着个妻子的头衔,天天一副女王的做派。那年夏天,当老马的家乡被洪水冲垮、老马的父母站在屋顶等待救援的时候,她还在商场里和小伙伴们一起买买买,买红了眼。

他们之间的感情,大概就是从那场洪水之后变了味道。眼见着气温降低,老马的父母家需要重建。作为儿子,老马义不容辞,当即便给家里汇了几万块钱。老马的父母也是懂事的,宁愿住帐篷也不肯来打扰儿子的小家。在这个时候,作为儿媳妇,郝佳就算不情愿,至少也该客气一下表达一下关心吧,但她没有。

她只是一边试鞋一边淡淡地说了句:"今年的洪水那么大呀。"

然后,她"腾"地站起来,"咚咚咚"跑到老马的面前,钩住老马的脖子,抬起一只脚,笑嘻嘻地问道:"这鞋好看吧,五折买的,超划算!"

因为把家里的钱支援了老家,在接下来的几个月里,郝佳的小日子就没那么滋润了,她开始不停地抱怨。

"我们都好几天没吃虾了啊,我想吃。"

"你知道吗,我常用的那个牌子的口红出了新的色号,好想要。"

"老马你最近手艺不好了,饭菜没有以前好吃了。"

……

看到这里,如果你以为郝佳就是个傻白甜那就大错特错了!这些年,郝佳自己的工资一分都没花,悉数存起来,她平日里吃的、穿的、用的、刷的都是老马的卡。

每次聚会,我们都忍不住抱怨几句自己在婚姻中每况愈下的处境,吃穿用度不及单身时的水平,家里外头一肩挑,简直快被修炼成全能女战士。每到这时,郝佳就会优越感爆棚地捂着脸乐,依旧白嫩的小手、无一丝泛黄的面庞,无不展示着她在家里四体不勤五谷不分的状态。

但是,全靠一个人成全的婚姻,也是说玩儿完就玩儿完。

这场婚离得几乎没有任何前奏。那还是一个阳光很好的周日下午,老马平静地收拾了厨房,然后给自己倒了一杯茶,坐在郝佳的对面,仔细地看了一番歪在沙发里打游戏的郝佳,大概越看越绝望吧,就在郝佳欢呼的时候,他猛地蹦出一句:"郝佳,咱们离婚吧。"

那口气，是温柔的、坚定的、不容商量的。

郝佳傻掉了，过了好久才想起问原因。老马只说："我感觉有点儿累了，以后恐怕也不能像过去那样一直对你那么好。"

这点还是要感谢老马的，都要离婚了，回想起长达十四年当牛做马的孙子时光，他还肯把"我对你好，你也应该对我好，无奈你实在太给脸不要脸"说得那么清新脱俗。

当时他们名下有两套住房，一人分一套。考虑郝佳的衣服鞋子包包实在泛滥成灾，不好搬家，老马要了另外一套。这些年，老马没少赚钱，但现在只有信用卡债，他也没提出分郝佳攒的私房钱，只收拾了自己的几件衣服和用品，当日便离开，那架势，大有躲避瘟神、一秒钟都不愿意多待的感觉。

再磨蹭个把小时，可能还得为郝佳做晚饭。

在很久之前，我们都特别羡慕郝佳，但作为她的好友，说句实话，每次听说郝佳对老马的种种压榨和剥削，内心还是有那么一丝不安的。这个世界上，任何一个人都是有底线的，老马就算再爱郝佳，也不至于变成一个受虐狂。但后来，我们还是通过反省把这种担忧归结为自己的嫉妒心发作，一定是因为我们遇不上老马这样的人，才会觉得郝佳也该和我们拥有同样的运气。

阿花常说："我老公那天做了一顿饭，我激动坏了，一连几天都只做他爱吃的菜!"

小洁也说:"上个月我老公忽然给我买了条项链,我一高兴,给他换了一台最新款的笔记本。"

最后,她们都异口同声地说:"我们怎么就做不到理直气壮享受人家对咱的好啊。"

不是享受不了,只是太知分寸,而已。爱情和婚姻中,哪有什么无底线的心甘情愿,实质上不就是一来一去的人际交往吗?牵肠挂肚换鞍前马后,你对我好换我对你好,越是无所图,越是回忆杀,谁也不愿意搭上一辈子来唱独角戏,只为取悦台下那位不知天高地厚的观众。

离婚后的一个月,郝佳悔青了肠子,因为她终于体会到无人为她遮风挡雨到底是个什么概念。听说她曾去找老马求复合,但老马毕竟不是老妈,爱就一个字,犯贱就一次,好马不吃回头草,下半辈子他要人品爆发,找个知冷知热的在一起。郝佳就算现学,恐怕都来不及。

爱情其实一点儿都不美好,也不神圣。基于我们谁都不想轻易破坏掉一段感情,无法做到说绝交就绝交,其中可能充满更多的权衡。我们在爱一个人时,会趁着他不注意偷偷停下来想一想值不值;我们被一个人爱着的时候,也会依偎在他的怀里一边把玩着他送的礼物一边想想我该给他买点儿什么。所谓纯粹的爱情,并不是指不计较、全身心付出的爱情,而是两个人都足够聪明,懂得分寸,能够做到不让对方权衡的爱情。你给我的宠爱我照单全收,但我不会恃宠而骄。

所以呀,爱情这东西,不仅仅是"我有你就够了",他还要有他自己。可是当他的生活里、心里都装着你的时候,他没有剩余的空间装他自己,怎么办?你把他放进你心里啊。适可而止的贪婪、恰到好处的回应才会让爱情更长命。被宠爱的温柔和小心拿捏的残酷都是爱情的真实面目,大家心照不宣、各司其事,按规则办事和表现,才会有那么多浪漫的时刻。

某日,我和几个朋友闲逛,偶遇老马,见他身边已经有了新女友。大家找了家餐馆坐下来聊了一会儿。老马还是那般温柔,没有被郝佳毁掉全部赤诚。他细心地给身边的女友点餐,服务员正要去后厨下菜的时候,被老马的新女友叫住:"服务员,你要记住哦,所有的菜都不要加香菜,一定一定要记住。"

"这里有几道菜不加香菜味道就不正宗了。"老马小声说。

"可是,你会过敏啊!"他女友大声说。

噢!相识这么多年,我们竟都不知道老马对香菜过敏,偏偏郝佳特别另类,超级爱吃香菜。每次去他家吃饭,都能听到郝佳向在厨房里颠大勺的老马强调:"亲爱的,牛肉汤一定要记得多放香菜呀,否则宝宝吃不下饭啊。"

高下立见啊!他们在一起那么多年,郝佳怎么可能不知道老马对香菜过敏呢。也许,她要的就是老马那种"宁愿自己过敏也要让爱人吃好"的自我牺牲吧,她大概觉得事事以她为先、以她为重,从不顾及自己感受的爱人,才是真正的爱人吧。

告别老马和他的新女友,大家默契地沉默不语。就此,我们幻灭了内心对爱情抱有的最后一丝幻想,于是,纷纷提了口气,打算在到家之前将我们想要释放的任性和依赖收拾干净。有爱,才肯对你好;惜爱,才不能稀里糊涂地受着这份好。爱你时,来来往往可以全是糊涂账;不爱了,盈亏全部浮心头。大家都是肉体凡夫,没有人能忍受一辈子透支自己的生活。

如今,每每郝佳被鸡毛蒜皮扰乱的时候,都会下意识地问一句:"老马为啥不爱我了呢?"

现在只想告诉她:"因为你把他的前半生,耗到出现赤字了。"

你要知道
自己为何而忍受

那日工作特别忙,不知不觉已到中午。趁着传输文件的工夫,我用手机叫了份外卖。等到察觉外面下着大雨想取消订单的时候,手机地图显示骑手已接单,距离商家还有200米。

大约二十分钟后,手机提示骑手距我不足20米。很快,响起敲门声。打开门,只见一张湿漉漉的、微笑着的、熟悉的面庞。这不是之前总给我们送快递的小张吗?

自我来到这家公司工作,小张便一直负责我们这个片区,因为工作业务的关系,我们几乎两三天就要见一面。他人勤快、嘴巴甜、态度好,业务量一直很多。"双十一"之前,他原本打算铆足了劲儿好好干一场,体会一下传说中月薪五位数的感觉,结果,没等我们清空购物车,就从他同事那里听说,他出车祸了,一条腿骨撞裂了,从此再无他消息。

这一晃便是大半年。如今站我面前的小张,换了新的工作装,戴着新帽子,大抵因为卧床休养胖了许多。他一见开门人是我,笑呵呵地把餐盒高高举到我面前,热情地说:"又见面了,还认识我吗?这是你订的餐。"

我接过餐盒,惊喜地问道:"怎么是你呀?我刚发现下雨了,还想取消订单呢。"

他不好意思地摸了摸帽子,嘿嘿笑着:"对啊,是我,我换工作了。我身边有很多送快递的兄弟都辞职去送餐了,因为送餐赚得多嘛。"

我们没聊几句,他便匆匆离开。吃饭时和同事聊起他,同事只叹了一口气,说:"求生不易呀。"

我这个同事就住在小张当时所在的快递点附近,平时工作上有接触,回家后又经常能遇上,一来二去,两个人熟识起来,便多知道了一些他的家庭情况。小张不是本地人,结婚后和老婆一起从老家出来打拼。目前,他们租住在同事家所在的那个小区里,育有一对双胞胎儿子,老婆全职带娃。在现在这种经济形势下,全家老小都指望他来养活,双方老人也时不时需要他来接济,他肩上的压力,可想而知。出车祸后，他不能送货，不得不离职，快递点没有给他缴保险，所有的医疗费用只能由他自己承担。同事说，他后来常在小区里看到小张拄着拐杖练习走路，非常小心地、试探着迈开脚，等到那条伤腿要吃重的时候，只见他脸色涨红，面颊线条咬得紧紧的，看样子就很疼。

大概是真的待不起了，腿伤还没好利索，他就又上班了。有次闲聊时，同事问他："送快递这活儿，不好干吧？"

他摸了摸脑袋，说："确实不好干，风里来雨里去，但是，我什么都不会，什么都没有，又能去做什么呢？做什么能赚得和送快递一样多呢？毕竟，这是个多劳多得的行业啊。"

对许多人来说，"多劳多得"是他们唯一的机会、最后的公平。别与他们谈职业规划，也别与他们讨论以后没了年轻和力气该怎么办，他们披星戴月地在城市各个街区之间穿梭，重复着枯燥、单调的一程又一程，为能过好当下几乎用尽全力，哪有心思幻想未来？

现实生活啊，本来就是水深火热的代名词。

可是，我们眼里的小张，从不见愁容，每天都乐呵呵的。有次，在公司等待业务员装包的时候，他拿出手机给我们看他儿子的照片。他不停地用那双粗糙的手摩挲着手机屏幕，满眼深情地说："每次下班回家看到他们，听到他们喊我'爸爸'，哪怕再苦再累也觉得值了。"

所以，日子再难，他也能忍受。

在凛凛的现实面前，很多人都在忍受，很多人终其一生都在忍受。能忍受不是因为际遇不够苦，而是忍受更值得。在现实这片丛林中，布满了荆棘与陷阱，能让我们不顾满身伤痕潜心穿行的，便是那些我们认为值得的东西。平凡人的一生，要渡劫要生病，那些值得，便是我们的道和我们的药。

我想，每个人心里，应该都藏着一份值得，这份值得让我们愿意以皮囊的苦和心灵的累来浇灌。无论我们如何百转愁肠，那些值得都会让我们内心充满力量。我曾见过在午夜路灯下痴痴吸烟和痴痴喝酒的人，我不知他刚刚经历了什么，但是当他掐灭了烟、喝干了酒，重新站起来拍拍尘土准备前行的时候，我就知道，是生活中的那些值得让他崛起。

当年，我的家里是那样贫穷，但爸妈硬是在毫无生机的日子里耕出一条出路，他们忍受着无底的绝望，为了我们姐弟三个的未来。

当年，乡镇初中的宿舍那么冷，求学的路那么坎坷，我忍受着恶劣的条件，硬生生地改变了自己的命运。

当年，毕业后的日子那么难熬，这座城市那么冷漠，我忍受着无尽的孤独，终于能够留下来，而不是像个逃兵一样不得已地退回去。

当年，曾被无数人质疑、嘲笑，疲于应对生存的我，忍受着迷惘、失意，终于，一步一步靠近梦想。

　　这世上没有几人能活得容易，忍受是贯穿我们一生的主题。而我们之所以还能幸福、快乐、有奔头儿地活着，是因为我们知道自己为何而忍受。当我们靠近了想要拥有的、守护了想要珍惜的、收获了想要得到的，忍受便会笑出享受的模样。

　　常听有人叹息人生艰难，那是因为他还没有找到支撑自己挺下去的信念。你要知道自己为什么而活，才能拂去尘埃找到自己的方向和路径，才能到达，才能明晰生命的意义和价值。这一路，即便有狂风骤雨，也不会崩溃、不会倒塌。

　　去做值得的事，去爱值得的人，无论多苦，也甘之如饴，愿你一生有寄望、有坚守，愿你终能得偿所愿，愿你一路披荆斩棘、逆风而行，不停留也不回头，一直走到人生圆满。

你无须学会管理时间，
你只需管好你自己

2017年8月7日14点53分，小豌豆睡熟了，像树袋熊一样挂在我婆婆的身上。为了保证奶水质量，我狼吞虎咽了一堆水果，终于可以坐下来写字了。

这就是一个休产假的新手妈妈的日常。所谓"休产假"，其实是"修产假"，从表面上来看，休产假是为了休养身体，实则是让我们带娃修行。

写至此，手机QQ传来提示音，我的领导在线问我是否还有时间帮忙看看其他稿件。我休假后，另一同事离职，招聘的新人还需要很长时间来适应，大家实在是忙不过来，找我搭把手也是没有办法的事。所以，我不能拒绝，尽管我真的很累。有人常说，公司离开谁都一样运转，事实确实如此。但我们这些员工离开做得如鱼得水的工作未必还能保持原先的生活质量，我顶讨厌那些滥用傲气的"上班族"，本事不见得有多少，脾气却是真的大，面对老板和客户，一点儿头都不肯低，整日把"我去哪里都能赚这些钱""现在好工作多的是"挂在嘴边上，制造人才市场供不应求的假象，既不识时务，也有失分寸。我就是很需要这份工作，如果公司"起锅"之前我不帮忙添把火，自己碗里的饭能可口吗？毕竟以后那条养家糊口的路，还很长啊。

家人觉得我的事情太多，根本忙不过来，尤其是在我的身体还没有彻底恢复的情况下。我自己默默盘算了下，觉得并没有问题，甚至还可以再开一本新书。

时间呢？时间哪里来？这时可别忘了那句话：时间就像海绵里的水，挤挤总会有的。我没有大段的时间，但还有很多零碎的时间可以利用。毕竟，我还有时间发呆，还有时间刷刷朋友圈，还有时间打瞌睡，还有时间感慨，怎么会没有时间干正事？

从前，我一直觉得自己最多算个做事麻利的人，无论是脑力劳动还是体力劳动，完成速度比很多人都快，而且还能保证质量。如今我发觉，不仅仅是速度的问题，我好像确实比很多人更擅长管理时间。

没结婚的时候，我的一天只有24小时，吃饭、睡觉、工作、写稿子、看电影、看书……相当于在做了两份工作的同时，还能把生活经营得丰富多彩。

　　结婚以后，我的一天延长为48小时，除了上述24小时内要做的事，还要和小崔一起经营我们这个小家，每日三餐、打扫、整理、约会、旅行、人情往来、打理小崔吃穿……一开始，感觉有一点儿累，但当我把这些日常要做的事在心里默默构建出一个体系和流程的时候，一切又变得游刃有余。

　　有了小豌豆以后，我的一天再次延长，变成72小时。当时孕反很严重，但我该承担的生活项目，一样也没有落下，剖腹产手术的前一天，我还在工作；小豌豆出生后，确实有那么几天过得鸡飞狗跳，但并非我懒惰或者不愿意做，而是我真的起不来床。等到我可以直立行走之后，我的生活节奏又回到了从前。

　　回头看看自己走过的不同阶段，不禁感慨：给我一个过渡期，让我找到更加快速有效的充气方法，我可以让生活这个皮球变得越来越大。

　　没错，生活是有弹性的，时间也是有弹性的。一天并不像我们想的那样从日出到日落，它不是一条硬邦邦的线段，只要你用心，你可以让太阳爬得慢一点儿，可以让星辰停得久一点儿，实在留不住日月星辰，你还可以在自己心头点上一盏明灯,去发现更多可以走的小路。

在我的一天只有 24 小时的时候,我容许自己迟钝一点儿,慢慢想、慢慢走、慢慢吃、慢慢睡。不爱做的事情可以拖一拖,爱做的事情可以慢慢做。

在我的一天变成 48 小时的时候,我告诉自己少去看弯路的风景,面对必然的结果少一点儿心存侥幸,迟早要做的事情那就早点儿做,时时把脑子带在身上,少一点儿随波逐流,对自己苛责一点儿,总归都是要与时间赛跑,不如努力跑在时间的前面。

在我的一天变成 72 小时的时候,执行力变得很重要。很多时候,一件事的核心环节其实费时很少,瞻前顾后和缺乏规划才将我们卷入耗时的旋涡。另外,有效利用时间也很重要。比如,我常常在从事体力劳动的同时动脑构思一篇文章,我会在给小豌豆喂奶的同时回复邮件、处理留言甚至规划接下来的做事门径。在某些时候,每个人都可以做到"一心二用",只是大多数人在做相对轻松的事情的同时,只肯把这段时间二次开发为休息的时间、放松的时间,他们觉得,在等水烧开的空当抓紧时间洗个菜都是对生命的无情压榨,真的是太会心疼自己了,对他们而言,时间不够用,完全在情理之中。

根据我自己的经验,如果你手头上要处理的事情非常多,一鼓作气才是最好的选择，张弛有度反倒是一种祸害，神情稍一恍惚，时间就会在不经意间大把流逝。等你发现时，懊恼的情绪会产生一种负能量，扰乱你的计划，让你自我怀疑、自我谴责，这对你的身心伤害更大。

说来说去，时间根本不需要我们管理，我们应该管理的，其实是我们自己。我们的行为、动机、决心、做事章法、套路，无一不充满弹性和余地，那些把有条不紊理解为做事一件接着一件、从不肯为难自己的人，他们的一天永远都只有24小时，甚至只有12小时或者更少，因为他们要睡觉，还要赖床与闹钟抗战，或者发牢骚、找理由，他们的反射弧本来就长，自己意识不到还懒洋洋地观望，延迟发射信号的时间。而那些能够把事情重新排列组合、做事从不拖泥带水、不轻易体谅自己的人，他们的一天或许还不止72小时。

有些人觉得我过得实在辛苦，但他们没发觉我把一生过出了三生的宽度。

有些人觉得我是跑赢了时间的人。但事实上，与某些大厉害的人相比，我还算不上与时间赛跑的人，我只是个不甘心被时间牵制的人。

有些人觉得我有超能量，可以兼顾很多方面。但他们并不愿意相信，哪怕他们仅仅能做到每天早上6点起床，他们的世界都会变得不一样。

所以，不必急着去跟时间管理达人讨经验，达人的一天实际上也只有24小时，和你一样。他们所有的规划、实施步骤、流程、路径都基于他们自己的行动力，所谓的捷径、方法、门道也只在你能管好自己的框架内才有效。即便时光机可以为我们补给时间余额，它也不会给懒人更多的时间，因为难以体现现实意义，最多放大了你蹉跎的面目。

从明天起，好好管理自己。别等到多年后回头看自己，才发现生命中尽是无谓的消磨。彼时如何后悔，也是年华不复、青春难续，不得不借用看似诗意的"顺其自然""知足常乐"来安慰自己。你不仅走得慢，还走得无所谓，纵然心再宽，在他人枝繁叶茂的生命力面前，终是掩盖不了你白来世间走一遭的事实。只有管理好自己，才有时间、有精力去体会更多。生命多可贵呀，我们有幸得一名额，请别浪费。

房子那么贵，
你却用它装破烂

我在怀孕七个月的时候，收到姐姐快递来的高景观婴儿车。当天晚上，小崔费了九牛二虎之力把它组装好，然后便放在客厅中间，陷入沉思不说话。我知道他在想什么，他在想到底应该把这个不规则的庞然大物安置到哪里才合适。

我们的小窝并不大，但它很温馨、很温暖，既没有让我们不堪房贷压力，也没有让我们疲于打扫。直到我怀孕后，开始添置宝宝用品，这才发现，这座容我们相拥相依、抱团取暖的小房子，真的就只是我们在这座城市里的一个小小树洞。

小崔沉沉叹了一口气，从主卧瞄到次卧再到客厅，甚至还去卫生间和厨房转了一圈,也没能找到一处可供发掘的空闲地方。

他看着那辆架构优良、价格不菲的婴儿车,大抵又想起这只是个开始,以后我们还要添置婴儿床、婴儿餐车、爬爬垫、学步车、成箱的奶粉辅食以及成堆的纸尿裤,等等,换房子又不是一夜之间、一个钱两个钱就能完成的事,于是,他大手一挥,说道:"吃过晚饭,咱们家得来一次大清理了!"

我就笑笑不说话。

从前曾有过很多次类似的大清理,清理到最后其实也没扔掉什么。破家值万贯啊!这是妈妈从前经常挂在嘴边的话,等到自己真正开火过日子,才能有所体会。谁能预料你今天扔掉的小物件明天会不会用得到?居家过日子总是有很多无法预料的状况。于是每次清理过后,思虑再三,我总是会从垃圾袋里拣出一件又一件有可能会用到的东西,从未完成一次真正的"断舍离"。

但这次不一样,因为小豌豆来了,不给这个小家伙腾出足够的空间,以后我们可能会在纸尿裤、奶粉罐、玩具中间找不到下脚的地方。

这一狠下心来收拾,才发现原来家中废物那么多,从前的清理简直就是走走形式。很多衣服、鞋子、包包,我们已经两三年没用过,而且今后也不大可能会用到,看那款式和做工，也不可能卷入时尚轮回再次成为明星单品；我从前有收集各种商品包装袋的习惯，从未注意它们已经占据了衣柜的一个格子，其实就是一堆硬纸板啊；摞在门后的整理箱里，装着大多没有用处但扔掉可惜的小物件，多是我头脑一热在网上买的各种"神器"，比如防切手神器、防扑锅神器等；大衣柜上面有个大箱子，不扔它是因为它没坏，不用它是因为用不上……

如此七七八八，只一阵工夫，客厅便堆满了待"一键清除"的各式鸡肋。我婆婆非常节俭，还想从中二次筛选一些可留之物，但被小崔阻止："房子那么贵，你还想继续用它装破烂？"

这让我想起我的妈妈。去年，家里建了新房，格局好、精装修，两间卧室各有五米五长的落地窗，没有死角，家中只要稍乱一些，从外面看便一目了然，这样的房子，造价自然不低。

然而，在搬进新家的那一天，我妈妈把那些陪伴她N年的各种绝对没用处的老物件悉数搬了进去。这些东西包括用了几十年的破损老家具，她未婚时穿过的旧衣服，我们平时往家里邮东西时用的纸箱子，我们不穿让她处理掉的旧衣服、旧鞋子……老家具被新家具替代，她只能再把它移出去，但那些旧衣服等，就被她统统放进新家具里。

不夸张地说，我家大衣柜百分之八十的空间都被这些东西占满，打开柜门，只见新衣委屈地缩在角落里，成堆的旧衣散发着腐朽的气息。我妈自己也说没有人穿，但她就是不舍得扔。

弟弟说，花了那么多钱建新房子，不是为了装破烂的。是的，盒子里的东西竟然没有盒子贵，真的有些说不过去呀。于是，在全家团圆的某一天，我们在妈妈撕心裂肺的阻止声中掀起了轰轰烈烈的断舍离运动，扔出一袋又一袋既无收藏价值又无使用价值的老箱底，为此妈妈好几天都不和我们说话，逢人便痛陈我们多么"忤逆"，多么不会过日子。

但家里，终归是清静了。大房子的"大"也终于有了实际意义。是的，腾出的空间它闲着也是闲着，但是它闲着的时候它是属于你的，它被破烂占据的时候它就是属于破烂的。

房子如此，心境也一样。记不清从什么时候开始，我喜欢上扔东西的感觉。每当心情不好的时候，总要翻箱倒柜找出一些东西扔一扔，在这个过程中，我会在心里默默地把烦恼打包，然后拎着垃圾袋下楼，把它丢进垃圾桶，"砰"的一声，长舒一口气，一切便都是新的。

房子那么贵，怎么能用来装破烂？内心深处的空间那么有限，怎么能被烦恼占据？内心盛满美好，身处清静有序的空间里，这才是生活该有的样子。平凡人过日子，讲究的是个奔头儿，就如同从泥淖里一节一节往上拔，我们需要轻装上阵，需要内心清澄，那些缠绕我们的、牵扯我们的，应该随着时光的流逝，停在过去，接受岁月的风化。

如今，在这个拥挤不堪的现实里，清理已成为一项必备技能。把破烂清除，才能让好物件住进来；把杂念清除，才能让真正值得怀念的住进来。哪有那么多舍不得呀，岁月早把它们的精神带走了，我们抓住不放的，只是躯壳而已。

生活要井然，心境要飒爽，对待旧人旧物，保留一丝决绝，是我们应该有的体面，更是对当下、对未来最好的珍惜。

你用自律获得的快乐，
他只能通过放纵来获得

不得不说，减肥真的太痛苦、太辛苦了！

首先，我们要控制饮食，很多可口的、下饭的食物，都被果断地贴上了禁吃的标签；更无情的，是贴上少吃的提示。少吃为什么会比禁吃更惨呢？因为你刚刚把馋虫和食欲勾起来，就要想办法靠苍白的意念把它们压回去，难道不是更伤神的一件事吗？

其次，我们要做大量的运动。偶尔运动一次，算是调剂；要是天天坚持，并逐渐增量，那真的需要调动毅力。尤其是在吃得很少的前提下，哪有力气运动呢？最要命的是，所有减过肥的人都知道，在减肥初期，通过节食和运动可以达到立竿见影的效果，虽然辛苦，起码可见的成果会给自己带来很多安慰和动力；但减到一定程度的时候，身体会开启防御模式，自动抵抗消耗，体重秤上的数字就很难变小了，即便你每天饿得眼冒金星、累得快要昏倒，不配合有氧对抗运动也瘦不下一斤，而一旦放纵自己多吃一口、多懒一天，体重就会迅速反弹。

一边心酸地哭，一边不服输地跑步，那种绝望，可能很多人在减肥的时候都体会过。

后来，你通过自己的毅力扛过这个瓶颈期，但路还很长，为了捍卫好不容易取得的成果，你还要把自己变成一个自律的人，这个更艰难。

我们常听说这样的八卦，某某女演员为了控制身材，多年以来只吃水煮青菜，无油无盐；某某名模为了在大秀前降低体脂率，每天吃几粒米都是数得清的；某某病人为了控制病情，下半辈子不能吃一口甜食……

具体的实施人不是我们自己，我们就永远都感受不到，这轻飘飘的一句描述，背后隐藏着怎样一段血泪史。一个人要有多自律，要下多大决心，要抵抗多少诱惑，才能做得到。

我认为自己还算是个自律的人，但所能做的，也不及上述三分。初中、高中阶段，细想一下，好像并没有什么了不起的事，但个人感受是，即便是很小的事，如果能够一直坚持，多年后再回想，也会觉得很有成就感。比如，我坚持做了六年的眼保健操，每天都做那种；大学阶段，为了控制体重，我一直坚持吃特别难吃的无糖燕麦和粗粮饼干；毕业后，为了缓解体寒，我从来不吃一口冰淇淋和雪糕；工作后，为了保证业余写字的时间，我一直没有在周末和假期放纵过自己；怀孕后，为了宝宝健康，我没吃过一口烤肉、麻辣烫、高糖水果等孕妇不宜吃的食物，我可是嘴馋的金牛座人啊，我路过那些店的时候，眼睛都是直的。

很多小坚持都是在不动声色间完成的，隔着时光事后回想才会觉得惊天动地。但我知道，我还谈不上自律，因为那些事都是一些平常事，多数人都能坚持。至少如果让我在几年内只吃水煮菜叶，我会疯的。

那么，我们如此折磨自己，会换来怎样的生活呢？

你看，女演员们好瘦，好上镜，怎么打扮都好看；模特儿们身材超棒，成为行走的衣服架子；管住嘴的病人越来越健康，再也不必承受病痛的折磨。

而我呢，我坚持做过的那些小事，给我带来了怎样的快乐呢？我的眼睛没有近视，慢慢地瘦下来了，体质慢慢变好，距离梦想越来越近，物质和精神生活都越来越充实，宝宝免于所谓"胎毒"侵扰。我不能肯定地说，这些快乐的获得全部得益于我所做的那些小事，但我可以说，至少我做到了，在我的人生中，我在某些方面掌控了自己，让付出和收获的因果关系，变得有迹可寻，这就是最大的安慰与自足。

人生苦短，我知道放纵地活很快乐。想吃什么就吃什么，干吗要减肥？想玩多久就玩多久，干吗要克制？想去哪里就去哪里，干吗要约束？想做什么就做什么，干吗要思虑？

顺着人的本能活着，是最容易、最不费力的事情了，可是，一路由着心性地跑下来，最终等着你的，又会是什么呢？

在我减肥的那段日子里，经常会看到很多比我更需要控制体重的人在吃奶油冰激凌、慕斯蛋糕、油炸食品，我看着他们快乐地从盘子里捞出一筷子滴着红油的食物送进嘴里，脸上随即浮起满意的笑容，内心常常向往不已，有时候也忍不住自我怀疑，如此苛待自己的意义到底在哪里。可是，当我看着镜子里的自己，看着数据越来越好看的体检报告单，看着那些人在医院的走廊里一筹莫展，便渐渐明白一件事：我要的是快乐，你要的是快意，选择不同，感受不同，代价不同。虽然我们都要失去一些东西以此交换一些东西，但我用自律获得的快乐，你只能用放纵来获得。

人活在世，"忍"字贯穿始终，只有那些肯在心头上修修剪剪的人生才能叫作人生。肆意妄为、随心所欲只能是我们的愿望，我们总是要在这方面或者那方面强迫自己做点儿让自己不高兴的事儿，以此换取我们距离理想生活更近一步。

本性中藏着的那些快乐，非常狡黠，我们必须要绕远才能真正得到它，如你觉得完全不必如此，顺着本性的发挥转个身便唾手可得，只享受所谓的当下，那么，你注定要错过更多的快乐。随着时间的推移，我们还会面临更多个"当下"，你心安理得地享受了前面的，没有为以后的"当下"做过一点儿铺垫，也许你能享受的，就只是眼前的"当下"。我们在规划生活的时候，一定要分得清惰性和随性的区别，不要把抗争不过当作与世无争。要知道，现实中，没有努力赚钱只是为了在海边晒太阳的富翁，也没有不必费心费力就可以天天在海边晒太阳的渔民。

公共卫生间里的
免费厕纸哪儿去了

周末,我常和小崔一起去附近一家电影院看电影。该电影院虽然设在商场中,但有独立卫生间,且提供高质量的免费厕纸和擦手纸,非常方便和贴心。有一次,我在观影前去卫生间排队如厕,有幸看到这样一幕:一位看起来慈眉善目的大妈,正旁若无人地站在厕纸旁,两只手齐上阵,就像当年妈妈织毛衣缠毛线一样,一圈一圈地在自己的手臂上缠着厕纸,直到把所有厕纸都缠光。而后,她不顾众人诧异的眼神,非常淡定地把那卷厕纸装进塑料袋,扔进随身携带的购物袋里,挺胸抬头,一脸坦荡,径直走了出去。

她没有进电影院,而是下楼离开。是的,她当时没有用纸需求，也不是电影院的消费者，她只是来商场遛弯儿路过电影院，随手顺走了足够家里一周用的厕纸，在众人的白眼和鄙视中，占到了一点儿小便宜。

每到夏天，沈阳有几路公交车会为乘客提供免费的小扇子。小扇子并不值钱，大多是小医院发的广告。司机把它们收集起来，穿上绳子，拴在公交车座椅上，也只是为了方便乘客出行，给大家在炎热的夏季带来一丝凉意。

然而，就是这种不值钱、满大街可见的小扇子，也会有人觊觎。我时常在酷暑难耐的时候，想要顺着那条细绳摸一把扇子扇扇风，但每次摸到的，都是齐刷刷被剪断的绳子头。

到了冬天，还是那几路公交车，会为乘客提供免费的隔凉垫。所谓的隔凉垫，就是我们用来铺儿童房地面的泡沫板。有了丢小扇子的经验，司机在放置隔凉垫的时候是费了一番心思的，用胶带缠、用绳子绑……但是，无论以何种方式暗示大家"这是供大家使用的，不可以私拿"，一天下来，丢失现象仍非常严重。

那些被带走的隔凉垫去了哪里呢？

我在公园的长椅上见过，在马路牙子上见过，在街边的石凳上见过，当然，在垃圾堆旁也见过。

后来，那家电影院再也不提供免费的厕纸和擦手纸了，而我早已习惯这项服务，有次观影前去厕所，因为没自带纸巾差点儿出糗。

后来,那几路公交车再也不费心为大家准备小扇子和隔凉垫了。酷暑出行,携带扇子非常不方便,占地方又碍事,我多么希望能在沉闷的车厢里扇扇凉风;冬日早晚出行,座椅凉得让人觉得胃疼,我多么希望能有一个隔凉垫给我带来一丝丝温暖。

我相信,不止我一个人这样想。

我是个特别守规矩的人,平日里常去那家商场闲逛,但只有在观影的时候才去使用电影院提供的厕纸和擦手纸,而且每次非常节约,就像在自己家一样;我每次乘坐公交车用完小扇子和隔凉垫的时候,都会把它们放回原处,哪怕我下车后仍然需要它们,也没有动过带走的念头。

这是我们所有人都该遵守的规则。我这样做,也有自己的私念,我希望因为我以及更多个体的珍惜,这个城市为我们这些普通人免费提供的种种便利能一直存在,让我们的生活变得更加美好,让大家都从中受益,我才能从中受益。我相信,很多人都抱持这种想法。然而,这世上总是有那么一撮人,他们的目光短浅到只看得到自己的眼前利益。

共享单车盛行时,便有朋友跟我说:"咱们这个城市里某些人的素质啊,可配不上这样的服务。"

果不其然,仅仅几天后,我就在街边看到一辆"无座"

单车。不翼而飞的车座子，标示着某些人的人格底线，成为整座城市的羞耻。又过了几天，我在小区附近见到有人把共享单车上了锁，明目张胆地据为己有，骑车之人脸上洋溢的，竟是一种"我多精明"的自豪感和敢于拿公用物品经营自己生活的智商优越感。

只要我享受到最大利益即可，只要我自己方便就好，别人做何感受，与我何干？想必那群人，就是这样想的吧。

便利可以一直在，但私欲填不满。蛀虫固然是少数，但胜在日复一日地啃噬。人不要脸则天下无敌，我们把它当作一句玩笑话来调侃，但又有几人能真正做到心平气和，于是很多美好的初衷被改变，为大众提供便利的个人和部门，渐渐心灰意冷。

当影院不再提供免费厕纸的时候，那位大妈可以自己花钱买厕纸，但她想的是：哎呀，好在我过去占到了便宜，我多精明；当公交车不再费心提供小扇子和隔凉垫的时候，那些"顺手党"微微一笑：多方便一天是一天，没有就没有呗，反正我又没吃亏；当共享单车的便利性越来越低、使用门槛越来越高的时候，那些被私有化的单车恐怕早已面目全非，偷车者会觉得自己偷得真及时。

坏事做绝，好处占尽。面对这样的他们、这样的结局，除了"不跟他们一般见识"，而后默默吞下他们造的恶果，我们这些本分的正常人，好像还真是没什么办法。我们共同生活在一座城市里，品性的好与坏又实在太抽象了，它不足以把这些人从我们的生活中剥离，于是，他们对我们产生的负面影响将一直存在，品德标准因此被平均化，他们扯了道德的后腿，实际上就是在扯我们的生活质量的后腿。

一直觉得，这个世界最不公平的地方在于，天使不停地向我们抛出橄榄枝，但总在中途被无耻的魔鬼折断。天使觉得委屈，我们满腔抱怨，只有那些魔鬼，揿着贪婪的肚皮，龇着焦黄的獠牙，四处寻觅还有哪些美好的风景，没有被他们享用、没有被他们毁掉。

自己排污，却受雨露滋润。任凭是谁，都会对这种现状愤愤不平。但是，你不能因此就放纵自己成为这样的人，无论你多大年纪、经历多少风雨、被生活泯灭多少性情。你会说，只有我一个人守得住自己有什么意义呢？是的，听起来好像没有太大作用，但你要相信，如果多一个人守得住自己，这个世界的净化能力就会有所提高。良性循环下去，等到那些人被时光淘汰，我们这些人齐刷刷地站在时光边缘，以我们的良知为界，那这个世界将会变得多么美好！

愿你我都不会成为自己讨厌的人，愿这世界充满友好互动，愿我们受得起所有的善意，愿我们配得上所有的便利，愿我们享得起所有的美丽。

实在不行，
找个人嫁了更不行

倩倩最近看起来有些憔悴，旁人只关心地问候两句，她便拉住人家倾吐一番心声，可见，憋得确实难受。她说："如果早知道结婚这么累，我宁愿单身！"

看她难掩一脸怨妇相，与半年前那个幸福的准新娘判若两人。

倩倩今年25岁，大学毕业一年，原本没打算那么早结婚，但她在自己的职业道路上走得极其不顺，眼看年纪越来越大，自身价值感越来越微弱，她就想换个方向，趁自己年轻，在青春资本耗尽之前，赶紧找个条件好的男人嫁掉。

为此，家里人帮她介绍了几个相亲对象。她挑来拣去，选了一位各方面条件看起来都很好的男生，只相处两个月便急吼吼地冲进婚姻殿堂。摆明了说，她想要的就是唾手可得的安逸和幸福。可是，在这段婚姻里，一无一见钟情，二无感情基础，三无利益捆绑，层层降级下来，便只剩下倩倩的"高攀"和男方的"低就"。隐忍，才是倩倩首先要学会的一门功课，因为人家想要的，就是一个可控的媳妇。

倩倩选择早早结婚，就是因为受够了在职场上吃苦、看人脸色的日子，没想到结婚后，卑微感更甚。倩倩的丈夫从来没有打算脱离家族企业自立门户，浑身妈宝气，他对倩倩婚后的定位与他父母一样——伺候老公，生养孩子，孝敬老人。可想而知，倩倩为了保住这张长期饭票，需要付出什么。

一开始，她总是这样宽慰自己，反正在哪里过活都要看人脸色，看一家人的脸色总比看一群人的脸色要好过些，至少可以保住锦衣玉食。但后来，她慢慢发现，倘若当初在职场上她肯付出如今一半的心力，也许并不需要她赔上后半生幸福来换取衣食无忧的保姆式生活，且还能保住自己的尊严。但残酷的是，她已经在所谓的安乐窝中磨蚀了心志，渐渐失去了重返职场的斗志和耐性，这段不那么幸福的婚姻，已是她的全部所有，给她带来的折磨越多，她抓得越牢。

所以，常有人说，女人啊，还是要嫁给爱情。

倩倩的好姐妹嘉嘉倒是嫁给了爱情，男人体贴，公婆慈善，孩子可爱。

但每一天早上，自嘉嘉睁开眼睛开始，她要面对的，便是无休无止的劳作。回笼觉再香，她也要起床准备一家人的早餐；饭后忙慌慌收拾一通，一边呵斥孩子赶紧穿衣服、背书包，一边翻找可穿得出去的衣服鞋子；踩着高跟鞋追公交的姿态当然不好看，但为了不迟到、不丢掉全勤奖只能拼了；为了每月的那点儿工资，她努力工作，夹起尾巴做人，说过很多违心的奉承；到了下班时间早已累成狗，但拎着菜肉水果打开家门的时候还是要努力恢复元气，毕竟，不把负面情绪带给有爱的家人是职场妈妈的基本道德；做饭、吃饭、收拾、洗衣服、辅导孩子作业，在真正决定一个人的命运和前途的八小时以外，她过得鸡飞狗跳，完全看不到自己的未来还有哪些可能性。

因此，嘉嘉常常一脸艳羡地对倩倩感慨："找个有钱的老公多好啊！这些事交给保姆就好了！"

倩倩也只能在脸上堆满苦涩的笑，在老友面前泄口气做几分钟真实的自己，然后抬起手臂看了眼那款巨贵的手表，内心泛起一阵荒凉："天哪！距离重返金丝笼表演贤良淑德还有不到一小时!"

现实就是如此,它不会因为你的婚姻里充斥着爱情就放过你,就不拿柴米油盐磨蚀你。很多嫁给爱情的女人都会感慨:早知道最后都要沉溺,当初还不如选择酒池肉林。

她二人的日子再难熬,好歹还可抓住一头自我宽慰。而现实中的大多数女人,连选择嫁给金钱还是嫁给爱情的机会都没有,她们只是在适当的年纪嫁给了一个适合的男人,不轰烈、不华丽。但即便婚姻什么都给不了她们,她们为人妻、为人母后,不管是受舆论影响,还是受观念支配,抑或是自己认命,照旧要放下往日所有骄矜,再不甘心,也要活得像个女超人一样。

如此说,婚姻也并非什么都给不了她们,婚姻帮她们支起一块开发自身潜力的舞台,女人有多伟大,这个舞台就有多大。

"实在不行,就找个人嫁了吧!"

我听过很多女生说过这样的话。过去,话里话外间洋溢着性别优越感;现在,我只能听到在夹缝中求生存的无奈。人人都知这条退路照旧荆棘遍布,但又能怎样呢?我们要么培养钝感,要么强大自身,无论选择哪一个,都不知要写下多少篇血泪史。

很多单身的年轻女孩子向往婚姻,她们生活在幸福的原生家庭，没有经历太多无奈的现实。但时过境迁，如今这个世界对女性的要求越来越高了。婚姻早已不是女人的庇护所，它是女人的另一个战场。婚姻中的女人不但要撑起半边天，还要踏平一片地，才能挺直了脊背，理直气壮地拥抱想要的生活。

因此，我常对身边的单身女生说，你要强大自己然后再考虑结婚，因为结婚是一种透支自己的选择，无论是精神上、体力上还是经济上。你必须保证自己在婚后的很长一段时间内，有足够的积累助你度过最开始的缓冲期，而不是手心向上依附别人，你才能在婚姻中最大限度地保持自如。

所以，不要再反问"如果是这样，那我还结婚干吗"，婚姻不会给把结婚当退路的女人好脸色，你若有自己一个人过不好的把柄落在婚姻里，最好别指望它能放你一马。更不要再说"实在不行，就找个人嫁了吧"，你以为成功躲过的那些磨炼，将悉数等在婚姻的不同阶段。人这一生的劫数有定数，不在现在，就在将来。

我们这些普通女生，能同时嫁给爱情和金钱的少之又少，想要在这个方向上有所突破，成功的概率低于自己通过努力带着金钱嫁给爱情。这个世界上所有的梦幻，都暗藏现实的内核，这样消极的事实，却需要我们积极去面对，我们想要活得更好、由内而外地好、底气十足地好、从一而终地好，除了靠自己，还能有什么途径呢？

最重要的是，你要相信自己，只要你不存依赖之心，不萌生江湖退意，不动摇自己的意志，不对现实示弱，熬过一个个关口，你一定能越来越好。实际上，经营婚姻比经营工作更累、更难，那是一份对体力、脑力、耐性、管理能力等要求甚高的"综合性职业"，比你从事的任何一份工作都辛苦，但具体的报酬最低，还会渐渐泯灭你的心性，让你慢慢接受你只能如此。

所以，你一定要清楚这样一件事，你要结婚，是因为"你足够行"，而不是"实在不行"。婚姻这东西，从来不做潦草人生的"接盘侠"。

THREE

如果逃不掉，
那就迎上去

在人生的不同阶段，在烦琐的生活中，处处都是战场，时时都被为难。我若不战而降，生活将许我短暂的平静和表面的安稳；我若打败生活，我可许自己永远的无忧和真正的安乐。

你是我最熟悉的陌生人

周末,小仙女珊珊邀我去逛街,杀价杀到半路,客户来电话让她以最快的速度发报价单。没办法呀,甲方的事无论多小,都是天大的事。于是,珊珊只能暂时中断血拼,带着我去写字间干活儿。

我还是第一次来珊珊工作的地方,万万没想到,竟是这种厚重严肃的风格。真的很难想象,平日里总以傻白甜形象示人的珊珊与这里的环境氛围是如何的冲撞。我正自行脑补那场面,电梯已达23层,随着"叮"的一声响,前一秒还在嘻嘻哈哈和我聊八卦的珊珊,忽然变得庄重起来,她面色凝重地从包里翻出工牌,麻利地套在脖子上,把我安排在前台处等候，自己则刷卡进入工作区。透过玻璃门，我发现了和平日里完全是两个画风的珊珊。

只见她打开电脑，笔挺地坐在工位上，噼里啪啦敲着电脑键盘，时不时撩一下耳边碎发。过了一会儿，她起身从旁边的文件柜里拿出一摞文件夹，一本一本翻找。其间还打过几个电话，好像是在与同事沟通，又不停地在一张纸上勾勾画画。最让我感到惊奇的是，其间她还几次把电话夹在肩膀和脑袋之间，双手操作键盘。这等忙碌的情境，我长这么大只在职场剧里看到过，没想到我们的小珊珊也这么能干啊。

要知道，我们认识了十年，在这十年里，她一直都是那种头脑简单、四肢不发达的存在。我们这些朋友都觉得她是我们中间最需要被照顾的那个人，是个根本扛不住职场摧残的人。当年她初入职场，我们甚至都觉得，她只要能安全地扮演好可爱的职场菜鸟这个角色，就可以了。

结果，我今天就见到了她这般飒爽的一面。所以可以推断，昨天她因为饭锅扑锅而不知所措的样子，全是装的咯！或者说，她习惯了我们平日里对她的照顾，更乐得在台下观看我们扮演哥哥姐姐为她遮风挡雨？

这时，珊珊出来了。因为刚才的忙碌，她的小脸涨得通红。一见到我，便笑嘻嘻地抿着嘴，哼唧半天才用软糯的声音说："哎呀真讨厌，大假期的也不让我消停，不过都搞定了，我们继续买买买吧。"

我觉得我已经从长达十年的角色扮演中出戏了,再也无法像过去那样以大家长的角度心疼她在职场中的种种身不由己。我无法说清自己当时的情绪,有惊喜,有生气,有无奈,甚至有被戏弄的感觉。可是,细想一番,明明是我们先入为主地把她设定为"跌跌撞撞的小菜鸟",根本不相信她会成长为如鱼得水的职场小达人。

哦,我不是生她的气,我只是感觉到有一点点的羞耻。低估他人而不自控,高估自己而不自知。

这时,珊珊的电话响了。她对我做了个"嘘声"的手势,遂扯出一个程式化笑容,字正腔圆地接听:"张总,您好,刚打您电话您没接,非常抱歉在休息时间打扰您,有个事情要跟您报备一下。我刚接到客户要传报价单的要求,便赶到公司查询了合同。我们当时签的是季度销售额超过一百万年返利六个点,且给他们的报价单与正常报价不同。我从老李那里得知他们本季度销售额是一百零五万,据此重新制作了一份全新的报价单和返利表,已经传给他们了,同时抄送一份给您,请您查收……嗯……好的,我知道……好的……嗯嗯,好的,再见。"

她挂了电话,看了我一眼,再次涨红了小脸。而我觉得自己就是个傻子。在接下来的时间里,我不知该如何面对兴奋地冲进特价区的她，每一次她试穿衣服时问我意见，我都没有自信像之前那样指导她、否定她，前一秒自以为智商情商都能秒杀她的我，此刻真的感受到何为从云端跌至地面。

从前我一直以为自己不熟悉的仅仅是"这个世界上的其他人"，现在才发现我连自己身边的人都不了解。我们朝夕相处，就像新手妈妈天天对着新生儿，我看不到他们的发展与变化，直到一个久不谋面的人突然出现，大声说："哇，你的宝宝都已经长这么胖了！"

是珊珊，让我不得不正视过去的自己，是多么地刚愎自用。

还记得有一次，我邀姐姐来家里做客。没错，是我的亲姐姐。因为我们一直在不同的城市里工作，所以见面机会很少。那时候，她和姐夫刚从江苏回到东北，在沈阳一处很偏僻很偏僻的郊区工厂找到一份工作。每次通电话，她都向我描述那里的生活条件是如何艰苦，食堂的饭菜有多么难吃。直到后来，他们自己出去租了房子住。

当时正值九月份，河蟹正是最肥美的时候。我心疼姐姐每天过着清汤寡水的生活，就特意去市场买了一篓蟹回来。我是过敏体质，家里很少买海鲜，因此也不会做。等到我在网上查询到制作方法准备去厨房大显身手的时候，我姐姐已经把螃蟹蒸到锅里了。

"你不用查了,清蒸才是最好吃的,原汁原味。不过你要记住,蒸的时候一定要翻过来,别让蟹黄流出来。等一会儿,我再给你炸点蘸料,你多切点儿姜,可以驱寒。不过,你怎么连蒸螃蟹都不会做呀?你们平时不吃吗?"

我磕磕巴巴地说:"不吃啊,我今天买是……特意给你改善生活的!"

我姐姐弯腰哈哈笑了好久:"哎呀,我和你姐夫每周至少吃两次,昨天还吃了呢。工厂的伙食确实不好,但我们可以去市场买材料回家做呀。"

我当时真的有一种被闷了一棍的感觉。在我的印象里,我姐姐和姐夫的打工生活一直苦哈哈的,因为他们要攒钱买房子、供车子。而且他们打工的地方大多在郊区,假期也很少,我便觉得他们肯定很少进市区。所以,每次见面,我都搞得像"带他们长见识"一样。现在真的不敢回头想象,那个自以为是的我,有多么无聊和可笑。

从此后我认定,这世上比较不堪的事情,便是对旁人及其生活的错估。我们好像比较容易接受"原来这个人不过如此",因为这表示我们更好,更有施展的余地;却无法接受"原来我才不过如此",因为那意味着盲目的自信和无处安放的优越,不是傻,是蠢。

现在,我不得不承认,其实我谁都不了解,越是亲近的家人、朋友，越是底细不明。我一直以为我弟弟有社交障碍，因为他太不善言谈了，结果某天我发现他和他好朋友在一起聊天儿时，不但妙语连珠，还特别能调动气氛，能抛梗会接梗；我爸妈来我家串门时，我还特意挤出一天时间带他们去逛商场、逛超市，私心是想带他们出去见识见识，毕竟他们在老家很少出去溜达，结果呢，妈妈进了大超市像进自己家，她说她在老家经常和邻居们进城采购，还办了某家商场的会员卡；我有个朋友很不独立，又特别喜欢买买买，在我的印象中，她是需要依附她老公的，是没有自我意识和自我价值的，因此我对她的友情中难免夹杂一点儿女人对女人的轻视，后来我才知道，人家出去挥霍的钱，多是她自己通过理财得来的，人家根本没有浪费老公的钱……

"想当然"模糊了我的视线，干扰了我的思考，让我毫无防备地展示了自己最无知的一面，却又不能心生怨怼，每每一想起，常自悔到捶桌子、肠子发青，只能寄希望于他们都失忆，千万不要记得我小瞧、错估、拿捏他们的那些时光。

致敬那些最熟悉的陌生人，是你们让我知道，每个人都有无限可能，剧情发展未必会遵循观众的一贯思路，少一点儿自以为是、自作聪明，生活里就不会有那么多难以消化、难以言说的难堪。

一个外行的
自我修养

那日,李姐被一位作者气哭了。当时,我就坐在她的前面。看着一位38岁、一向好脾气的老编辑因为工作大哭,真的备感唏嘘。

事情是这样的。李姐当时在审读一本经济学书稿,那本书稿的质量呢,简直可以用"一言难尽"来形容。书稿作者是一位高校老师,编写此书的直接目的是评职称。为了赶进度,或者作者本身的写作功底很差,整本书写得非常粗糙,标点乱用,体例混乱,错别字连篇,前言不搭后语,病句尤其多。印象最深的是,李姐初审完毕拿给我复审的时候,我只翻了几页便觉得头皮发麻,密密麻麻都是修改意见,根本找不到复审下笔的地方好吗，这哪里是改稿啊，分明就是帮他重写了一遍。

我当时还和李姐开玩笑，这位作者日后拿到焕然一新的书稿，肯定会特别感激李姐的，她所做的工作，真的完全超出一个编辑的工作范围。如果不是体谅这位作者工作繁忙、时间紧张，就这种质量等级的书稿，是一定要返回去让作者重写的。

结果，大大出乎我的意料。到了三审阶段，李姐把最新版本的电子版发给作者确认。几天后，那位作者直接越过负责人李姐，一状告到主任那里。他觉得李姐所做改动太多且无必要，随意篡改他的劳动成果，末了直言李姐不负责任，专业能力低下。总之，把李姐贬得一无是处。

好在，我们的每个工作环节都是有存档的。主任亲自翻了这本书的原稿，一页一页查看，才发现这位作者所言并不属实。李姐所做的每一处改动都很正确且很有必要，如果遵照作者的意思修改，这本书连终审都无法通过，更别提年终的质量检查。

李姐真的特别难过、特别伤心。为了这本书，她付出不止双倍的汗水，光是一个一个地纠正"地、得、的"的用法就要花费一天时间。她做了十几年的编辑，改过质量极好的稿件，也改过质量极差的稿件，但第一次遇上这样盲目自信的作者，明明是自己对写作规范一无所知，还总觉得编辑技不如他。

令人生气的是，那位作者后来提出一个非常无理的要求，他要求李姐对每一处改动做出说明。编辑室所有人瞠目结舌地看着作者的留言，既觉得心酸又觉得可笑，这是要闹哪样啊？难道要李姐从分析句子结构讲起吗？

李姐是个好脾气的人，擦干眼泪后自认倒霉，开始一条一条整理修改说明："涉及"后不接"到"，"大约"接数值范围属于语义重复，这个句子缺主语，那个句子主谓宾不搭配，表格格式要统一，层级要统一，这段和前一段重复了，单词拼写错误……

那本书从初审到送印用了将近半年时间，其间作者又提出了几次无理的要求，甚至自己做了一些毫无必要的修改，既耽误了进度，也影响了李姐的收入。我不相信他感受不到书稿改前和改后的天壤之别，但他对李姐，从始至终没有说过一个谢字。

"我做了一个编辑应该做的所有事，但我以后绝对不会再看他参与编写的任何稿件。"那本书出版之后，李姐做的第一件事，就是把这位作者拉入黑名单。

我做高校教材编辑已有五年时间，其间遇上过形形色色的作者。在专业知识方面，我们一定会尊重作者的意见，因为我们深知，哪怕自己经验再丰富，也是外行；但在出版规范方面，真正完全信任我们的作者真的不多，即便他们对出版规范一无所知，也不觉得自己是外行。

对此，主任常这样开导我们："现在写一本书、出版一本书真的特别不容易，每个人都很珍视自己的劳动成果，因此会对编辑所做的改动格外敏感，你们要多多体谅，多向作者解释。"

专业人员要为非专业人员有限的认知负责，长期以来都是各行各业的通病。大概是因为让专业人员容忍非专业人员的质疑比让非专业人员理解专业更可行。所以，长期以来，专业人员一旦扮演服务人员的角色，都难免于非专业人员的欺凌和指摘。

阿雅曾是一位设计师，现在是一家洗衣店的老板。谈及她的职业生涯为何出现如此大的跳跃，她说："实在是受够了那段被甲方的不专业和无理肆意支配的孙子时光。"

从业五年，用阿雅的话说，奇葩案例、奇葩客户简直天天可见。比如，有位客户请阿雅设计广告牌，阿雅按照行业惯例提供了三个方案供其选择，但客户对这三个方案的配色都不满意，没有理由，就是不喜欢，他总是觉得阿雅的配色太过大众化，难以吸人眼球。阿雅后来又做了三个方案，但客户还是不满意。失去耐心的客户亲自上阵，直接让阿雅做个蓝背景配红色字的广告牌。

"简直晃瞎了我的眼睛好吗？我纠结了好久，想给红色字加个白色的描边，竟然还被拒绝了！客户说街面上很少有这种配色的广告牌，这样才够新颖，最后还说我不专业！什么呀？他以为配色就是简单地把两种他喜欢的颜色混在一起就行了吗？"阿雅一提起这件事就感觉特别抓狂，虽然客户付了钱，但她感觉丢不起这个人，不知情的业内人员如果看到这个广告牌，不知要在心里笑翻几次呢。

这样的客户接触得多了，阿雅渐渐对曾经热爱的职业失去了兴趣。一个方案，原本就是按照客户的要求做的，但每次成品出来，客户总是会提出这样那样不合理、不合规的修改意见。在他们的眼里，所谓的专业设计，就是他们看着要顺眼、符合他们的审美观、不超出他们的认知，而真正专业的设计师，往往只能扮演傀儡的角色。

做装潢设计的小柳也面临同样的困惑。她所接触的客户，一开始往往说不清楚想要怎样的家装风格，但等到设计图出来后，他们便马上就知道自己不想要什么样的风格。门的颜色要换一下，背景墙这样做不好看，吊顶没有新意，卫生间太过简洁，厨房整体换成美式风格，地砖颜色不好……小柳按照客户的要求一一改动，发现修改后的设计图变得不伦不类，客户直言接受无能，单子飞了要看老板脸色不说，末了还会被客户鄙视一番："你这个设计师真的太不专业了！"

"我要怎么发挥我的专业水平呢？你客厅要欧式，厨房要美式，卧室要中式，你既喜欢真皮沙发，又喜欢碎花田园风的窗帘，你既喜欢巴洛克风格的床，又喜欢红木的椅子，然后你让我用我的专业把它们的风格统一起来，臣妾真的做不到啊！"小柳一说起自己那艰难的从业经历，就忍不住捂心口。

在医院里，我见过质疑护士不会扎针的家长；在银行里，我见过质疑柜员会把钱存丢的储户；在坐月子期间，我见过质疑月嫂不会带孩子、不会做月子餐的各种亲戚……我一开始想不明白这些提出质疑的人的自信是从哪里来的，后来才体会到，越是不懂，才越要质疑；越是认知有限，才越会陷入有限的认知中不可自拔。

纵然每个领域都有让人不安心的因素、都有不够专业的人滥竽充数，但那毕竟是个例、是极少数，你应该把因此而产生的不安全感控制在选择阶段，而不应该让这种负面心理贯穿整个过程，让真正的专业人士为他人背锅，承受本不该承受的质疑与不尊重。你觉得这个编辑不够专业，你就去找你认为更好的编辑；你觉得这个设计师不够专业，那你就换个你觉得足够专业的设计师；医院有很多护士，银行里有很多柜员,退一步讲,城市里有很多医院和银行,总之,你有很大的选择余地,你去选择你愿意相信的,这对大家都好。

但事实上,有些人根本无法选择,因为从他产生某种需要开始,他就只愿意相信他自己,专业人员在他们眼里,只是负责按照他们的一知半解实施具体操作的工具,等到他们无法将自己缺乏系统框架和依据的异想天开变成现实的时候,再把专业人员拎出来背锅,潜台词是"你真的不专业,因为你无法把我那些不专业的设想变得专业"。

三百六十行,一行有一行的门路,这世上没有任何一个人可以做到什么都懂,世界不是按照某个人的想法构建的。纵然你心存质疑或者曾遭受所谓内行的伤害,但作为一个外行,想要达成自己的目标,最终还是要依靠内行。而你的无端质疑,除了浪费大家的时间和精力,其实并不能把结果引向更好的方向,内行向外行妥协一小步,往往就会偏离最优结果一大步。

选择时擦亮你的眼睛,实施时收起你的戒备,实在想不开便代入你自己,你也一定具备某个领域的专业知识,你如何才能做到让旁人百分之百放心,旁人质疑你时你又做何感受?我们的生活能够有序运转,离不开绝大多数人的各司其职,所以,真的没有必要时时刻刻放大专业领域的阴暗面,用不断的质疑给自己徒添烦恼。选择自己所相信的,相信自己所选择的,你会生活得更轻松。

你应该有一套自己的
消费法则

最近几年,常被人问及买车与否的问题。每当我坦荡地回答"没买且近期也不打算买"的时候,气氛就会变得特别尴尬。

当然,尴尬的不是我,而是问出这个问题的人。他们一直觉得我过得很好,不至于连一辆车也买不起,本来卜面还准备了其他关联问题要问的,结果却发现,自己好像在无意中让我难堪了。

事实上,我一点儿都不觉得难堪,也不觉得问话人有什么恶意。

我知道,我与问话人最大的隔阂在于,我把车当作一种代步工具，而他们还是把车当作社会地位和成功的象征。平日里，我们常听见有人这样说："哎呀，房子也买了，车子也买了，生活就圆满了，混得不错哟。"在如今这个社会里，多数人还是认为，买了房又买了车，才是小有所成的标配。

其实，关于买车与否的问题，我和小崔商量过。平日里，他坐通勤，我乘公交，天气不好就打车，并没有觉得有多么不方便；购物时打车或叫顺风车，既不操心停车，也不考虑驾驶，感觉特别轻松；不用承担保险、汽油、保养等多项开支，不必体会养车的辛苦，可以减轻不少经济压力。最重要的一点是，买了车，生活未必锦上添花，一定不算雪中送炭，说来说去，就是没有刚需。

但我发现，关于买车这件事，不管你如何解释，别人还是会觉得你就是差钱、就是过得不够好。在多数人仍把买房当作第一阶段目标、把买车当作第二阶段目标的当下，我说得再多，也是人生任务没有圆满完成的失败者，所有关于停车难、堵车严重的形容，落在这些人的口中，只需用一句"所以还是钱的原因咯"就可以轻松击破。

由于我的消费观一直和别人不太一样，这导致我特别异类。

苹果手机每次更新换代的时候，身边就会有很多人表现出近乎狂热的向往。写下这篇文章时，苹果手机已经更新到第8代，它拥有着全世界最不固定、最不明确的用户群。没有收入的学生用它，因为它青春、有活力；收入低的群体用它，因为它是这类人群在某一领域能买得起的最好的产品，代表一种消费得起的享受；高收入群体用它，因为它代表一种潮流和时尚；年轻人用它，因为大家都在用；年纪大的人用它，因为用它显得年轻；数码控用它，因为它技术前沿、用着舒心、比较有品质；对数码产品一无所知的人也用它，因为专业人士都用它……

旁人见我换来换去，从始至终都用着某品牌安卓机，便会不解地问："你怎么不去买个苹果手机呢？"

我只能说"太贵了不舍得"，然后换来一顿消费观落后、铁公鸡的评价，但我真的从来没有动摇过。我能理解账户里没有7000元存款的人却用着售价7000元的手机，但好像他们都不能理解我为什么明明有能力买更好的手机却非要用着看起来很便宜的货色，当大家一起掏出手机扫码关注朋友圈的时候，真的不会觉得跌份儿吗？

我的亲友分布在各行各业、各个社会阶层，经济状况不一，但还没有人在消费时能真正做到不加节制。而据我的观察，如果随大流不算一种消费法则的话，多数人其实没有自己的消费法则。通常情况下，他们未必会把钱花在刀刃上，但他们的钱一定会被舆论和风潮裹挟着，流向人群最密集的地方。

从前我并没有觉得自己有多么异类，我与旁人的那些不同，更多体现在一些比较小的方面。比如，我比较倾向买好的内衣，而有些人觉得穿在外面的衣服才是门面，应该把钱花在买外衣上；我比较倾向买一口好锅，而有的人觉得花很多钱买一口炒菜的锅放在不见光的灶台上，还不如买盏华丽的吊灯为客厅增光；我会建议有车的爸妈买一个好的安全座椅，而多数家长觉得根本没必要，孩子只要有大人抱着就行了，肯花几十万元买车不肯花几千元买安全座椅的家长是我特别鄙视的；不管装修预算多么紧张，我坚持床一定要买好的，但有的人会觉得，买好床放到卧室里不见天日，还不如买一套真皮沙发摆在客厅里气派。

后来，我成为一个准妈妈，在产检、待产期间的所见所闻，让我忽然明白，有一套自己的消费法则是多么重要的事，因为这种消费法则基于你对生活各方面重要性的排序，而这种排序，决定了生活的内在质量，别人看不见，但你自己感受得到。

怀孕以后，很多人觉得我"作"，具体体现在以下几个重要事件上：我在身体很好、没有家族遗传病史、未达高龄的情况下选择做了无创检查，而没有选择做唐氏筛查，多花了三倍的钱；我在给宝宝准备用品的时候，尽自己能力买了我能负担得起的最好的产品,而不肯将就,很多人就觉得我给一个什么都不懂的小婴儿用那么多的好东西根本没必要,是在给自己挖坑;我在婆婆和妈妈都能伺候月子的前提下,预定了月嫂,这件事引起的争议非常大。在我的身边,很少有人坐月子的时候请月嫂,都是由妈妈和婆婆代劳,尽管由妈妈和婆婆代劳的结果是谱写一段又一段血泪史,但大家还是觉得这是常态,我不能忍受,就是矫情和娇气。

在质疑我的那些人中,大多数人的经济条件都可以承受上述消费。但他们为什么不能接受呢?因为他们觉得要把钱花在值得花的地方。做唐氏筛查800元,做无创检查2500元,他们觉得反正多数人都不会有什么问题,不如省下1700元去买一件羽绒服,能穿一个冬天呢;给婴儿准备用品,下无底线上不封顶,反正孩子长得快,不如省下几千块买件首饰、买个包包来得实在;请月嫂需要6000元到15000元,反正只有一个月,怎么还不能忍受过去?别人没请月嫂不也过得好好的吗?把这笔钱省下来买个手机能用好久呢,或者和家人一起出去旅行岂不是更有价值?

某天午休,我和同事闲聊。她对我花了2500元做无创检查这件事表示特别不理解,她觉得特别没有必要,就是在浪费钱。我则认为证实一项检查没有必要反而是一件特别好的事,不算浪费。彼时的她,家里正在装修,她刚花了

6000元买了一张饭桌,花了4800元配了6把椅子,但她只舍得花1500元买一台空气净化器,所以,她觉得花2500元做无创检查是没有必要的,完全在我的预料之中。

在钱没有多到花不完的条件下,在消费时必须有所侧重、有所取舍的前提下,我们应该做出怎样的分配?这真的是一个仁者见仁的问题。人人都有自己看重和看轻的方面,这是由生活方式和价值观的差异产生的,无可厚非。在这里,我想说的是,如果你做出的排序和选择,刚好和多数人不一样,请坚持你自己的安排。每个人所看重的东西不一样,才是正常的现象。所以,如果你刚好像我一样,打开钱包的姿态与时机总是与多数人不一致,千万不要自我怀疑,一旦做出妥协,被看起来正常的选择所左右,你能得到的,也只是少一点儿非议,多一点儿毫无实际价值的赞同,而真正去承担那份难受和不舒爽的,最终还是你自己。

如果逃不掉，
那就迎上去

　　做了多年文稿编辑，只参与过一次高校选题洽谈会，终生难忘。那日，我顶着北方初冬清晨的寒气来到大学城，在附近晃了一个多小时，一边等组长一边默背流程。将近8点钟，组长迟迟未到，我正想打电话催他，却收到他的一条微信留言："老家有急事，必须马上回去，今天的洽谈会就全部交给你了！"

　　彼时，用"忽遭晴天大霹雳"来形容我的心情一点都不为过。怎么能全交给我？我只是代替另一位同事来帮忙的，没有一丁点实际操作经验，况且那些老师我一位都不认识。最重要的是，我对选题方面的事情并不了解，我并不害怕当众讲话,只是根本不知道该讲些什么!所谓的流程虽背得滚瓜烂熟,但那都是纸上谈兵,谈事情不可避免地要讲些题外话,我该怎么接?万一把这么重要的洽谈会办成"尬聊会"该怎么办?

心里的退堂鼓敲得越来越响,真想爬上公交车回家。但我也清楚,老师们都很忙,这场洽谈会不可能取消或者改日举办。这时,学校接洽人打来电话,他已了解到组长的情况,只对我说:"您随便讲讲就行。"

事已至此,我再也不可能逃走,于是,只能硬着头皮找到会议室。推门而入时,老师们齐刷刷地看过来,我的大脑一片空白,连接洽人如何介绍都没听清。待接洽人示意我开始时,我只能强迫自己镇定下来,本想按照流程无功无过地讲完,却被其中一位老师打乱了节奏:"贵社从前做过我们这个学科的书吗?"

我简要回答了他,却不知就此便被牵着鼻子走。老师们一个接一个提自己感兴趣的问题,越扯越远,越来越超出我的认知。大概是这一段"热身"平复了我的紧张感,亦或是我觉察到这种漫无目的的问答可能会让我越来越难以应对,于是,在回答完另一位老师的提问后,我赶紧用一句"不如我系统地给各位老师讲讲出书流程吧"抢回了主动权。其实,对这个话题我也没有任何准备,只是想尽快把大家的注意力拉回我熟悉的业务上，不想一直那么被动。

事实证明，我的选择非常正确，谈到自己心里有数的方面，兵荒马乱的感觉很快便过去。中午12点左右，会议结束，老师们看起来还算满意，我却忘了自己都说过什么。走出学校时，内心依然忐忑，生怕自己有什么失误。大约一周后，组长去学校拿到了选题，而我与往常一样编辑文稿。我没有与任何人提起，从接到组长的微信到走进学校再到面对那么多老师，内心毫无底气的我，经历了怎样一番折磨。

但我必须承认，经过这件事，内心的畏惧感越来越轻。再遇到类似的情境，我首先想的不是该怎么办、能否逃避，而是"去就去，上次的洽谈会还以为自己会糗死，结果还不是好好地出来了？没什么大不了，最坏的结果也比逃走要好"。果然，勇敢面对后，才知潜力无限，结局皆有惊无险。

从前，常听人说"天无绝人之路"，现在我慢慢明白，如果自己不舍得逼自己一把，那才会真的走到绝路。人这一生，即便再平凡，也要经历无数个徒手开天辟地的过程才能获得内心的安稳，才能活得从容坦荡。在不断冒出来的新困难面前，当个逃兵貌似很省事，但当你养成了逃离的惯性，你就要费尽心思躲避以后遇到的一切障碍物，这技术要求不比除掉障碍物更低，你要操着一颗英雄的心，却永远也成不了英雄。

再回望自己过去经历的种种，又何尝不是如此呢？生活从来不会因为我被动地逃离而变得顺风顺水，我所拥有的全部美好，无一不是我主动迎战的结果。

刚毕业工作时，我的收入很低，为了改善生活，我在周末常去附近商场做小家电的临时促销员。第一次穿上厂家提供的蓝色马甲上岗的情境，至今记忆犹新。在二十几岁之前，因为自卑心很重，我是一个特别内向、特别不善于表达的人，而要想做好临时促销员这份工作、取得好业绩，在残酷的竞争中留下来，又一定要敢说、会说。

怎么办？当时的我，缩在库房里，一边假装找货，一边做心理建设。我真的不好意思当众叫卖，广告词我早背得滚瓜烂熟，但是自尊心和难为情哽住喉咙，无论我如何用力，那些词也冲不破那道防线。平日里，我在逛商场的时候从来没觉得那些整日叫卖的促销员有什么值得关注，他们只是在做他们的工作而已。可是，那天我却感觉所有人都在关注我，只要我开口，我可能会成为大家议论的对象。越害怕，越退缩；越退缩，退意越强烈。有那么一瞬间，我想出去告诉经理，我做不了这份工作，我想回家。随即又想起账户上少得可怜的钱和我将要支付的各项生存成本，临阵退缩并不现实啊。就这样，我被夹在自己的性格和现实之间，难受得想哭。

也许是我磨蹭得太久，经理在外面喊我出去，我虚弱地应了一声，挪到库房门口的时候，一眼瞄见和我一起来的小姑娘正在与顾客交谈，她也不是那么自如，笑得很僵，满脸涨红，但是她勇敢地迈出了这一步。

"豁出去"的念头是我在走出库房门口的瞬间做出的，因为我想通一件事：今天最坏的结果就是我做得不好，被开掉，这与我自己放弃的结果大致相同，不会再坏了。

既然已经决定豁出去，那就要再逼自己一把，做点儿特别的。我没有待在店里等顾客上门，而是和经理要了一沓广告单子，站在店门口揽客。

这段经历让我发现了一个做事的诀窍：如果你害怕去做眼前要做的事，那不如先一步去做比这件事可怕十倍的事，相形之下，很多可怕的事都会变成平常事。

站在店门口的我，面对人来人往，第一次喊出"厂家大促销，买一赠一，欢迎去里面看看"的时候，已经激动得快哭了。这句在路人听来很平常的吆喝，对我而言意义非凡，甚至可以成为我性格改变的分水岭。我感觉到有很多人在看我，但都是很平常的注视，根本没有我想象中的嘲笑或者奚落，人们更关注买一赠一的内容，根本无暇顾及我这个小姑娘的前世今生，明明是我自己戏太多。

想想看，在这样的现实里，人们讨生活的姿态千万种，重点在于自己能否生活得下去，一走一过，谁会在意你姿态是否好看呢？即便成为饭后茶余谈资，也不过就是一说一过的事。

　　我在门口发了一上午广告,似乎越喊越来瘾,那种从未有过的自信,源于那种战胜自我、挣脱桎梏的快感和解脱。因为我传播的信息而改路进店里看看的顾客越来越多,更是让我特别有成就感,变得特别燃,于是主动性更强,甚至开始发挥创造力,现编了很多广告词。下午,经理安排我去店里给顾客介绍产品。我好像发现了另一个未知的自己,不满足于像其他促销员那样被动地等待,而是主动拉顾客进来。我假想自己是顾客,将心比心,我在购买小家电的时候会在意哪些方面,我便着重介绍哪些方面。那个下午,我卖出了三台料理机、两台电磁炉、四台电饭煲,战绩惊人。

　　就在前一天,开口推销对我而言还是一件那么难的事。如果我选择逃走,也就那样逃掉了,这件事将变得永不可战胜;而我最终硬着头皮迎上去,才发现面对现实的铜墙铁壁,其实还是自己更硬一些。

　　逃不掉的,那就迎上去。能够勇敢迎上去,就没什么过不去。在人生的不同阶段,在烦琐的生活中,处处都是战场,时时都被为难。我若不战而降,生活将许我短暂的平静和表面的安稳;我若打败生活,我可许自己永远的无忧和真正的安乐。

还是
身体的痛更痛

医院急诊室里的故事特别多。有天晚上,我因为慢性阑尾炎发作被家人送去急诊。输液输到一半的时候,看见一对小情侣急吼吼地冲了进来。男生光着上身,穿着白色长裤,长裤上沾满血迹,神情焦灼,一边安慰怀里的女生一边大声喊医生;那个女生瑟瑟地偎在男生怀里,头发蓬乱,只穿着一条吊带睡裙,右手摁着左手手腕,一直在哭。

这真的是我第一次在现实生活中看见割腕的场面,感觉非常震惊。恰好我的床位距离急诊室诊台特别近,连他们与医生的对话都听得清清楚楚。医生紧急处理一番后,便安排他们去做检查,以便确认有没有伤到神经,然后才能缝合。

在这期间，女生一边哭一边喊疼，而那个男生，显然吓蒙了，连话都说不利索。

听来听去，其实也没什么大不了的事，两个人只是在睡前为了一些琐事吵了起来，过程如何不得而知，结果便是女生气急以割手腕的方式来表明自己有多么心痛。

但此时，很显然，抽象的心痛已经不那么重要了，客观的伤口痛才是真的痛。在医生帮她处理伤口时，她全程窝在男生怀里连看一眼都不敢，时不时发出尖叫声。想必，经此一事，下次心碎的时候，不管有多痛，她都不会选择用伤害自己身体的方式来表达了。

很久以前，我也觉得心痛是世上最强烈的、无法言说的痛，哪怕不见伤也不见血。电视里、电影里、小说里经常出现渲染主人公心已死、心已碎、伤心欲绝的情节，让人不得不相信精神上的痛是更高级别的痛，比身体上的痛更残酷。

心痛这种东西，其内部没有分布神经和血管，难以测出医学意义上的各项指标，且还能随时被我们顾全大局地搁置一边，闲下来或者孤独的时候再拿过来温习温习，这种连发作时间都可控的痛，如何与来势汹汹的生理痛相比？

此时，再想想过往那些捶胸顿足哭喊"心痛"的时刻，感觉自己可真是"高级"得好低级。这世上哪有什么致死的心痛感觉呀，恐怕还不如心绞痛的痛更凶猛吧。所谓的伤心到死，说到底就是悲欢离合经历得太少，没见过大世面。

人总是越活越现实的。年轻时情绪经常大起大落，关注自己的心灵感受多过身体知觉。所以，我们常常会看到，孩子因得不到想要的玩具躺在地上哭，小学生因被家长训斥闹绝食，中学生因不堪课业压力离家出走甚至跳楼，大学生因失恋喝酒喝到胃出血……我自问不是个冷血无情的人，但对于上述种种，仍只能想到"幼稚"这个词。地上多凉多硬，饿着多难受，离家在外多不容易，跳楼摔了多疼，胃出血多难受……很难说此番自虐过后能换来怎样的结果，但不管你以如何圣洁的精神痛苦开始，最终都要以身体痛苦来收场。折腾一番之后，无非就是你既承担了抽象的痛，又不得不忍受着具体的痛，是那些具体的痛，让你无暇顾及抽象的痛，从而慢慢淡忘。

很多人都想通过制造身体上的痛，来惩罚那些让他们心里痛的人。事实上，他只是通过实施道德绑架完成了一次自我惩罚。任何人，在任何年龄，都要为自己的蠢，付出一定的代价。

这个世界上最蠢的人，就是不爱惜自己身体的人。身体不是高尚心灵的廉价外包装，它才是真真切切的你。风雨袭来时，它可以受苦受罪，做一套坚固的铠甲；荣耀万丈时，它也可以享福享乐，做一副庸俗的皮囊。唯独，它不负责装裱你的魔障。

现实中有很多人,把自己的身体当作宣泄内心痛苦的首要出口,自以为心痛多伟大、多诗意,自以为自己活得多么激烈,等到身体真的痛起来,却哭得比谁都惨。而真正的心痛,是难以表现的,是难以通过身体之痛转移的。那些历经大风大浪的人,他们在心痛的时候,会波澜不惊地调动身体机能去拯救、温暖自己的内心,艰难但不服输地活着,不存一丝惺惺作态。

多年前,如看见有人往自己的胳膊上烫烟疤,我会觉得他一定是个有故事的人;现在,只会觉得他有毛病。身体发肤受之父母,你不怕妈妈心疼吗?

多年前,如看见有姑娘为了爱情要死要活,会觉得爱情真的好伟大呀;现在,只想默默当个吃瓜群众,坐等伟大爱情中激情过后的鸡飞狗跳。

多年前,如看见有人悲伤逆流成河,忙着去穿耳洞、文身,通过痛来宣泄内心迷惘,会觉得他好有个性、好有魅力;现在,只会觉得非主流其实是无聊的主流的变身。

多年前,如看见有人为了保住"豪爽"的性格定位,在酒桌上把自己喝到胃出血,会觉得这个人真实诚啊,值得交;现在,恐怕避之不及,此人多半缺心眼儿。

多年前,如看见有人去穷游、去流浪,会觉得此人好超脱;

现在，只想问问那个整日眯缝着眼睛眺望远方的人：你要拷问心灵就去拷问心灵，别让皮囊受苦呀！你把圣洁的名声都给了心灵，凭啥把磨炼都给了身体？

归去来间，如果这是你们口中的"依然少年"，我宁愿韶华不再。

我也经历过那样的阶段。年轻的时候，精神胜于一切，我的自尊、感受、灵魂、信仰，简直是不容亵渎的存在，一碰就炸毛，不管接下来会产生怎样的后果，我是否能承受，都要誓死捍卫我的心。领导不公平？辞职！男友质疑我？分手！朋友不忠诚？绝交！想拿钱来补偿我？不要！我特别骄傲，雄赳赳气昂昂，宁折不弯。然而，几天后面对一无所有、无所转圜的际遇，梗着脖子傻了眼，只剩嘴硬。而现在，我只想对万恶的现实和残酷的生活说，请尽情苛待我的心吧，但不要动我一根汗毛，只要身体不痛、不受折磨，心痛便可慢慢痊愈。不必激怒我，不必试探我，不必考验我，因为生活早就教会我，识时务，别意气用事。

那日，直至我输液结束离开，也没再见过那个割腕的女生，不知她是否伤到神经，是否要为自己的冲动承担惨烈的、不可逆的后果，但我预感她终有一日会离开那个令她心痛到要去割腕的男生。撕心裂肺的爱情固然凄美壮丽，但违背了人的心性，没有人生下来就是为了承受痛苦的。多年后再回想这件事，那个女生大概也会嘲笑自己的幼稚，本来有一百种方式表达不满，何必选择对自己最不好的一种呢？

何时何地，爱自己的身体没有错，哪怕看起来很怂。在旁人眼里，我活得一点儿都不酷，我畏畏缩缩，我打掉牙齿和血吞，我有点儿窝囊，我不够激烈，我总是忍耐，这都不重要。重要的是，在我已不再年轻的时候，不必让自己的身体去承受任何伤痛。年少不懂事时，我们习惯让伤痛由内而外释放，执着于把心里的痛变成身体的痛，展示给大家看；而真的痛过、懂事的人，都知道那不是真勇敢，我们会选择让伤痛由外向内收，把身体的痛变成心里的痛。作为一个成年人，无论何时何地，请先爱你的身体，再关照你的内心，无论在多大的苦难面前，都争取好好地、完整地活着，这才是第一要紧事。凡是让自己想开就能放下的事，我们别通过缝合来解决，好吗？

尽量做一个优雅的"上帝"

周一午休时,大家聚在一起听相亲小魔女悠悠汇报周末的"战绩"。本周倒是有位男士入了悠悠的眼,只可惜,当两人坐到饭桌旁的时候,那位男士的好修养瞬间破功。

那日中午,两人选了一家烤鱼馆。刚落座,服务员小姑娘便热情地上前招待。前一秒钟,相亲男还温柔地与悠悠说话,待服务员问出"先生想吃点儿什么"的时候,相亲男板起面孔,慢慢地将后背靠在椅子上,翻了翻菜单,懒洋洋地说道:"来烤鱼馆当然吃烤鱼啊!"

服务员小姑娘愣了一愣,继续提供"微笑服务",开始介绍店里特色,相亲男听了一会儿有些不耐烦,摆摆手打断小姑娘，点了一条约两斤的草鱼，又点了一些配菜，悠悠补了主食、甜品和饮料，两人便坐在桌前等餐。

一阵工夫，他们点的餐全部上齐。服务员说完"您请慢用"转身欲离开，却被那相亲男叫住。

"先生，您还有什么需要吗？"

相亲男没吱声，眯起眼睛，伸长了下巴，向摆放饮料的位置示意。

显然，服务员没有领会他的意思，不知所措地站在原地，并向悠悠投来求解围的目光。

悠悠刚想讲话，被相亲男抢断："愣什么，我让你打开呀！"

那不过就是一瓶饮料，谁都能拧开盖子的那种。

服务员赶紧赔笑拧开，递给相亲男。相亲男并没有接，向服务员翻了一个大白眼。

"怎么这么没有眼力，你给倒上啊！"

那一瞬间，悠悠说，她真想起身离开。第一次在外面的小馆子吃饭被人这般伺候，她适应不了，怕折寿。

服务员倒完饮料，红着脸离开。相亲男立刻换了一副面孔，笑着对悠悠说："咱们这里的服务员真的很没有服务意识。我以前去广州吃私家菜，那里的服务才叫到位呢。"

悠悠随即问了句："有多到位？她帮你嚼碎了？"

相亲男被怼得说不出话，气氛变得有些尴尬。悠悠顾及介绍人的面子，强装笑脸说："开玩笑啦。不过刚才只是一瓶饮料而已，自己又不是不能倒，何必麻烦人家呢。"

相亲男一听这话，撂下筷子，正色道："我们是上帝，她伺候我们是应该的！"

这句话直接让悠悠给对面的男士发了PASS卡，她不能把自己的下半生交给一个有两副面孔的男人。通过这件事可以直接推理出，相亲时，他人模狗样；恋爱后，他步步为营；结婚后，他必定翻身高高在上。如果你质疑他，他恐怕也会说出："你是我娶回来的老婆，你伺候我是应该的！"

想要看清一个男人的真实面目，就看他对待服务员的态度。这条堪称真理的话不知由何人总结出来，但真的是百试不爽。今日，他能百般支使与他无利害关系的、处于弱势地位的服务员；来日，他就能万般挑剔已无须小心拿捏的、他认为处于从属地位的伴侣。这是他这类人寻找存在感的独特方式。

在现实生活中，诸如相亲男之流，其实特别多，不论男女老少。

某日，我在商场某品牌店门口的长椅上休息时，曾见到这样一幕：一位打扮光鲜的女士不停地让服务员帮她试装，服务员一直耐心地为她提供服务，前前后后大概试了十套衣服。当服务员抱着一堆衣服问她想要哪件时,她慢悠悠地说了句:"都不要,都不太喜欢。"

看着服务员一脸惊愕的表情,我真想替她问一句:"您不喜欢,需要亲自试十多套才知道?"

明眼人都能看出来,她根本就没打算买,再试十套也是如此。她可能偷偷躲在试衣间里记录衣服的条形码,等着回家去网上买;也可能就是想要试试新装,不花钱过过瘾就好;还有可能心情不好,出来给别人添添堵,给自己减减压。无论出于何种原因,她都很清楚,今天不管她试了多少套,服务员都得受着,因为她是"上帝"。忍受"上帝"的刁钻,一直都是服务员的职业操守,她就是吃定了这一点。如果一定要强词夺理,服务员因为"上帝"多试了几套衣服但一件不买就翻脸,确实也不占理。

花有限的钱,买无限的服务;或者不花钱,只刷"上帝身份证",去要求无限的服务,在很多人心里,这是理所应当的事,但其实这是对服务的过度解读。商场雇佣服务员的终极目的是产生效益,并不是为所有的"上帝"免费服务。所以,花费半天时间伺候那位只试不买的女士的服务员赚不到一分钱,而只用五分钟便轻松卖出一套衣服的服务员可以拿到提成。

我不知别人如何,换作我是那服务员,还真忍不住在心里抱怨一番。

有人常这样调侃:"有些地方的服务员哦,真的很没有素质,喜欢看人下菜碟,她觉得你可能买不起,就不会搭理你或者对你冷嘲热讽。我气不过,我偏要试,但我试完了就不买,故意治一治她。"

说完这话,他露出特别得意的神情,觉得自己很机智地维护了人间正义。但事实是,现实本身就隐含这样的规则,你是什么菜,别人就会拿什么碟子装。也正是因为有他这种人的存在,才会有越来越多"看人下菜碟"的服务员。

我很想不通,你为什么偏要去试你不想买或者买不起的东西?你不属于人家的目标顾客群,为什么一定要体验目标顾客群的待遇?你没有付出足够的钱坐到"上帝"的宝座上,为什么还要求服务人员像对待"上帝"一样对待你?话糙理不糙啊,任何被服务的舒适,都是明码标价的,即便商场服务守则上写着"视一切顾客为上帝",但你若不尽"上帝"的义务,只想行使"上帝"的权利,基本等同于自取其辱,这是一条没有写到明面上的但任何一个心智正常的成年人都该懂的潜规则。

我们活在这个世界上,无论处于何种地位,无论以何种姿态求生存、过生活,都无外乎通过付出来换取所得,既不是为了践踏别人,也不是为了给别人践踏的。你如此,别人也是如此。无论我们从事什么行业，其实都会被挂在社会这条长长的食物链上，今天你高高在上吃定服务员因而优越感爆棚，来日你被上一级物种无情俯视时，又将作何心情？

做人，无论贫富，总该要体面点儿；花钱，无论多少，总该要礼貌点儿。以"上帝"的身份秀一时的优越感，无论是否消费，无论消费多少，最后都难免落得个败坏自己的下场。正如与悠悠相亲的那位男士，人品只够撑住一顿饭的工夫，此后便沦为众人口中的极品。口口相传之下，你怎知自己有朝一日不会被差评包围，因而堵死前行的路？

无论何时何地，不管我们是否花了钱、花了多少钱，请念及在这世上你也有不得不取悦的人，你也有想被善待、被体谅的时刻，你也有规则在上、感受在下的时候，尽量做一个优雅的"上帝"吧。

讲究人
也要能将就

　　从前,每每提起新同事晓琳,一向快人快语的阿美总会露出一脸意味深长的笑。

　　事情要从迎新聚餐说起。聚餐地点还定在公司附近那家很火爆的音乐串吧,这次他们运气好,订到了露台的那张桌。能吃能玩能唱,还能看夜景吹凉风,简直不要太完美。老板人特别好,每次他们去,花生毛豆无限量供应,甭管闹腾到多晚,老板都陪着,从不下逐客令。

　　那日下了班,一众人簇拥着还有些放不开的新人晓琳直奔串吧。这家串吧他们隔儿日就要来一次,早已轻车熟路。上了露台,大家也不麻烦老板和服务员,自己动手,丰衣足食,擦桌的擦桌，搬椅的搬椅，只有晓琳不知所措地杵在角落里。负责去前台取零食小点的阿美见晓琳落单，出于让她打破尴尬快点儿融入团队的目的，随手从盘子里剥了颗糖果，趁着晓琳愣神的工夫直接塞进她嘴里。

"老板亲自做的私家牛轧糖哦，很好吃，我每次来都吃好多块，你尝尝哈！"

晓琳被热情似火的阿美吓到，愣了半天才想起嘴里的糖，赶紧从包里找出一张纸巾吐出来包上，末了向阿美解释："不好意思啊，我正在减肥，这种糖的热量实在太高了！"

阿美说，当时她便产生了一种热脸贴了冷屁股的不爽。毕竟，在她的职业生涯里，还没有哪个新人会这样当面直接拒绝老员工的主动示好。

一切准备就绪，大家招呼晓琳过来坐。穿着白衣白裙的晓琳，真的是犹豫了好久才肯坐上那把看起来不那么干净的大排档塑料椅，旁人恨不得把自己整个人堆进去，她只坐了三分之一，此后似乎就没踏实过，一直不停地调整坐姿。这时，大家点的各种吃食陆续摆上桌。一大盆小龙虾，各式海鲜大拼盘，各种小拌菜、炒菜，林林总总满满一桌子，每人再来一杯扎啤和小店自制饮料，齐活儿。

大家吃得热火朝天，再配点儿段子、客户八卦、老板趣事，真的超级下饭。许是太过放松，大家只顾着剥虾壳、抠蟹黄，完全忽略了好似误入市井的那尊小仙女，彼时彼景，对她而言分分秒秒皆是煎熬。

还是年纪最大的老张心细，他在灌扎啤的时候用余光瞥见了正慢腾腾地用拇指尖和食指尖剥盐煮花生的晓琳，每吃一粒，眉头不经意地皱一下，那股子嫌弃，老张不戴眼镜都感受到了。

"这顿饭好像不太合晓琳的口味呢。"

众人这才停下手，纷纷关切地向晓琳望去。

"没有，没有，挺好的，只是我从不来这种地方，有些不太适应。"

"这种地方"是哪种地方？有人不太高兴了，脸上飘过一行弹幕。

"晓琳不吃大排档呀？那你平时都去哪里吃？"老张问道。

"我很少去外面吃的，既不卫生也不营养，一般都在家里做。如果一定要出去吃，一般都去固定的几个地方。"

大家听她这样说，忽然就没什么胃口了。

第二天午饭后，前台小妹跑过来和阿美八卦："哇哦，中午我看见了晓琳的饭盒，真是讲究人，难怪人家不吃大排档，我拍了照片，让你见识下。"

前台小妹划拉半天，点出一张照片送到阿美的眼皮子底下。照片里有三个饭盒，一盒五谷杂粮饭，一盒鲜鱼汤，另外一盒装着两份炒菜，食材多样，荤素搭配，卖相极佳，一看便知这是特意摆盘的。

前台小妹哀号："这还不算，人家还有饭后水果拼盘和牛奶，跟她一比，我吃的就是猪食好吗。"

一时间，关于晓琳对饮食方面的"讲究"成为格子间里的议题，负责组织聚餐的行政大姐有点儿犯难，以后这隔三岔五的 AA 制聚餐，到底要不要叫上晓琳？他们不可能去吃日料和法餐，大排档和火锅才是大多数人的心头好。如此，带着晓琳无异于给大家添堵、让大家扫兴，不带着又有孤立新人的嫌疑。

他们最近一次聚餐是在一家火锅店里。晓琳只吃了几片青菜和店里免费提供的水果，然后便挺直了脖颈端坐在位子上，微笑着聆听各位糙人互相调侃。也不知是谁，话锋一转就把焦点引到了晓琳的身上。大家这才知道，她并非不爱吃火锅，而是她吃的火锅，比较高大上。

"我在家也常吃的，不过会事先熬纯正的骨汤做锅底，还要撇去浮油，青菜要选无机时令蔬菜，羊肉一定是上等羔羊肉，牛肉一定要选腹肉，我们不吃外面卖的鱼丸虾丸的，我们都自己做的，味道真的特别鲜……"

晓琳宛如养生大师和美食大师的合体，两眼放光地讲了一堆，在座的各位瞬间没了继续吃的心情，即便他们再迟钝，也能感受到一种高高在上的碾压感。大家不拘小节惯了，但彼时彼景，在晓琳的面前，却也难免生出许多自己没见过大世面的局促感。

后来，大家再聚餐，便心照不宣地避开晓琳，因为谁也不愿意成为旁人眼里那个"什么都吃得下去"的低级货色。偶尔被晓琳撞上，她硬要积极参加，大家便把选地方、点菜的权利交给她。这样做大家倒是可以在晓琳面前舒坦一回，但同时要承受来自服务员的白眼。

"你们这里的西红柿是哪个品种？"

"这个鱼是哪个海域的？"

"芹菜做馅之前有没有把那个纤维抽掉？""竟然没抽？那算了，那饺子馅儿没法儿吃！"

"土豆丝是手切的还是机器切的？味道可差得多了！"

"这道菜要用糖的吧？那你们用的是绵白糖还是白砂糖？不会是糖精吧？"

……

我说："多好，从此后你们多了一位美食鉴定师，免费帮你们把关。"

阿美捂住脑门，尤奈地说："综合考虑每个人的经济水平，我们每次去的地方人均消费都不超过50块呀！所以你懂的，你知道每次吃顿饭,我们要承受多大的心理压力吗?"

出去吃饭,讲究点儿总是没错的,但是真的要分地方。任何时候,我们都须为自己的讲究付出成本,否则从何讲究?你去街边的苍蝇馆子追求从北海道空运海鲜的质感,老板娘一定会觉得你是来捣乱的。

一来二去,晓琳成了办公室里的一个负担。许多年纪小的职员,譬如前台小妹,倒是特别喜欢听晓琳讲讲食物养生,算是长长见识。但多数在职场上摸爬滚打多年的老员工,对晓琳的评价只有四个字:不合时宜。

谁还没讲究的一面呢?为了兼顾大家的经济条件和口味,遍寻各式小馆子的行政大姐每周末都带着全家老小自驾去郊区的菜园子买菜吃;一口气能吃两盆小龙虾的销售老刘,早就吃遍全城的私家菜馆;他们中间还有一位隐形富二代,家里有连锁店,人家想吃北海道的海鲜从来不等空运,而是自己直接飞过去;还有每次聚会玩得最嗨的阿美,见她在大排档咋咋呼呼的劲儿,一定难以想象她曾在星级酒店工作过,西餐中餐的礼仪和讲究,她门儿清。

在任何时候,尤其是在职场,当所有人都在努力够地气的时候,你千万不要使劲往上飘。职场是个什么地方?是个逢人只说三分话的地方,是个有十分家底只露三分足矣的地方,是个只要这局还打得下去就不必亮底牌的地方。正如晓琳，她端着的、放不下的或者引以为傲的，也许全是大家早年玩剩下的。

总以为别人没见过世面，才是真的没见过世面呢。

不久后，大老板从国外回来度假，微服私访到他们这座城市，也没提前和任何人打招呼，穿着一身灰扑扑的旧衣就来了公司。公司里的老人自然是认识老板的，唯独把新人晓琳惊了一下。毕竟，在她的认知范围内，大老板不该是这样的。

老板驾到，宣布当日提前半天下班，他要请人家吃蟹。在老板的带领下，一众人等开着车子浩浩荡荡驶离市区，到了地方，晓琳跟着大家穿过一条小巷子和一个小院子，进了一家门面看着不起眼实则内部别有洞天的私家菜馆。那包间巨大，装潢布置低调中见奢华。这还是晓琳第一次来这种地方吃饭，内心有点儿忐忑。他们坐下不久，服务员鱼贯而入，给每位端上了一套精美的工具。晓琳低头一看，原来是蟹八件。

她心里暗爽，这东西她还真用过，看来今天当着老板的面儿不会丢人。但其他同事可就未必了，毕竟，他们平时的饮食风格是那般粗犷。因为心里有底，晓琳昂扬地坐在位子上，竭力表现得大方、镇定，自感很有气场，并向四周发射"我会用我会用"的强力信号，等着周围的同事来问她或者观摩她如何操作。结果，等了许久，她还特意放慢了动作，也不见有人问她。她四下瞧了一番，不禁愕然，在座的每一位竟然都会用！只见他们正襟危坐、手法娴熟，和在大排档呼天喊地划酒令的那帮人，根本就是两个画风。

那一瞬间，她是什么感觉呢？只觉得脸似火烧般滚热，身体就像从云端忽然降至地面，摔得有点儿疼，遂又觉得自己像个傻子，越想越懊恼。因为她猛然意识到，她可能早就成为别人眼里的笑话。

这时，坐在主位的老板忽然发声："哎呀，这种吃法真的是太磨叽了，我这个粗人就直接上手了啊，你们随意。"

再看大家，自然唯老板马首是瞻，嘻嘻哈哈地全部丢掉了手里的工具，整个包间洋溢着在大排档吃饭的欢乐与轻松。小仙女晓琳好像瞬间领会了职场奥妙，不再端着，也跟着大家徒手掰蟹腿。她承认，这种操作确实自在多了。

从此后，大家也意识到，晓琳好像变了一个人，虽然话还是不多，但每次组织集体活动时，她已不再是那个让行政大姐犯愁的人。私底下，晓琳活得依然很讲究，但仅限于私底下。因为她总算能够明白一件事，个人将就团队，才是真讲究。讲究若不论分寸、不分场合，就只是一个人的狂欢，更是一个人的孤单。

真心永远可贵，
真诚永远无错

小叶给我发来微信留言，说她现在过得特别累，为了让我明白她所说的累具体指哪方面，她讲了这样一件事。

刚到新公司时，为了能快速融入团队生活，她想请大家一起吃个饭。周一一上班，她就去和每一个同事预约周六晚上的档期，得到的回复是"看时间""应该会去""没事就会去""一定到场""可能不会去""到时再说"，等等。

除了"一定到场"的，其他回复是有多么不体谅人啊！小叶该如何订位子呢？根据我的经验，这帮同事冷淡地回复了小叶之后，多半会在微信群组热烈讨论小叶请吃饭背后的目的，讨论的结果一般都是要么都去、要么都不去，理由只有两个字：分寸。

小叶很为难，但作为新人，她不敢怠慢，在始终没有得到肯定答复也没有得到否定答复的情况下，为表诚意，她还是按照通知人数订了包房。

结果，除了那位承诺"一定到场"的同事，其他人，一个都没到，也没有给出一句解释。小叶和那位同事坐在包房里，面对一桌子好饭好菜，食不知味，尴尬得要死。那位同事也觉得不太好，便挨个儿给同事们发微信，得到的回复竟然是"当初也没说一定要去呀"。

那天晚上，小叶结完账离开饭店，选择步行回家，整整哭了一路。

第二天上班，她尽量装作若无其事。那位到场的同事大概已经在微信群组里把当天晚上的情况汇报过了，小叶从同事们欲言又止的表情中，读懂了什么才叫孤独。

小叶说："你懂我当时的感觉吗？就好像我双手捧着一颗真心，想奉给对面的人，我以为就算他们不打算要，也至少会接住再还给我，但他们没有，他们选择冷眼旁观，像个局外人一样看着我的心摔到了地上。"

此后的小叶，一改常态，收起自己所有的热情，每天默默地工作，和同事仅保持业务上的来往。当有人讲笑话的时候，她不会再担心没有人笑讲话人会尴尬而假装配合；当有人提出建议的时候，她不会再担心场面冷掉而迅速回应；当有人按惯例把期待的目光投向她的时候，她选择低头不回应。纵然对方扔过来再多的球，纵然她知道没有人接球的场面很不好看，她也不打算再继续扮演那个总是很活跃、总是会为他人着想、总是能把所有人的心接住的角色。她现在觉得，过去的她，浑身上下都透着一股很廉价、很好将就、很好说话的气息，她不想继续这样。

在职场上，我也曾遭遇类似的情况。当时为了答谢同事的帮忙，我提出要请他们去吃饭，特意在饭点儿选了他们平时最喜欢的一家店。他们一直在拒绝，我以为他们只是不好意思，但等到送餐员真的把菜品送来的时候，我万万没有想到，他们真的不肯吃。饭店是他们喜欢的，菜品是他们最爱的，但他们就是不吃。

从那以后，我明白一件事，有些人，真的就是以让别人陷入困境为乐，以此营造出高高在上的疏离感，而后就能获得让人不能小觑的事儿妈气质，尤其是在职场上，这种人往往还特别受重视，因为他最不和谐，反倒无法成为小透明。

我在小叶的身上，看到了我曾经的样子。那时，我对这个世界抱有无底线的善意，卑微地面对每一个人，不想让任何一个人感受到尴尬和为难，恨不得时时把自己的真心奉上，然而，以这种姿态行走的我，并未得到任何善意的回报。我发现很多人，在对抗现实的过程中，已经不再具备消化善意的能力，反倒是需要他们调动精神和气力才能应付的恶意与为难，更让他们觉得真实、可靠。他们一定要看着你的心掉在地上摔碎，圆满地完成一次践踏行为，才能找到自己的价值所在。伤害人，才能高于人，这是他们普遍的心态。

2012年早春的一个工作日，我这个从来不请假的员工破例请了一天的假，只为了陪我当时的男友去沈阳大东区的一家工厂面试。那个地方离我家很远，他又是从外地赶来，为了不耽误时间，我这个路痴还特意提前查了路线。但我没想到的是，那路公交车临时改变了路线，我当时的男友为此气愤至极，全程都在埋怨我的无能。

几经波折，我们还是按时到达那家工厂。他自顾自进入厂区面试，未向我交代一句。我就那样一直站在厂区的外面，冒着倒春寒等了他足足三个小时。他意气风发地走出来的时候，我已经冻僵了。

然而，他并未有一丝感动和心疼，反倒对我的行为表示不解和怀疑，他说："你可以回去呀，你不想回去也可以找个地方避避风啊！我不信你真的能在外面等我三个小时。"

那家工厂位置偏僻，四处都是风口，守卫室森严，没有引荐和证件，我这个陌生人不可能踏进去半步。这些情况他都知道，毕竟他能进去面试，也需要人来门口接，但他选择忽视这个事实。

大概面试过程顺利,他很是得意,过马路的时候大踏步往前走,将我远远抛在身后。他到达对面公交车站的时候,我还被车流隔在马路中央不知所措。我无助地望向他,看到的却是一张不耐烦的脸。

后来我们一起回到市区,我请他吃饭。在等餐的空当,他对我说了一句让我至今难忘的话,他用手臂比画着两段距离,说:"如果说我们之间的差距以前有这么大,那么我面试成功以后,我们的差距就有那么大了。"

那一刻,我感觉我的心掉在地上摔碎了。当年,我说我不计较他买不起房子,他的家人觉得我在低价处理自己,我的心没有碎;我因为没有拥有一份铁饭碗的工作而不被他妈妈接受,受尽冷眼和编派,还要努力去学习、培训,只是为了让他的家人同意我们在一起,他的家人反倒说我是因为一个人混不下去才把他当作长期饭票和救命稻草,我的心没有碎;他的妈妈嫌弃我家不能贴补一半的首付买房子,不能像他邻居家的儿媳那样拿出丰厚的嫁妆,不能让他的儿子少奋斗十年,背后说尽鄙视我的话,我没有心碎。但就在他比画着那两段距离的时候,我的心碎了。

后来,他并没有被录取,转而应聘了大连的一家公司,办了离职手续后便毫无征兆地人间蒸发,我遍寻未果,两个月后,他发来一封扭曲事实、极尽侮辱言辞的邮件,把我贬得一文不值,把自己抬得很高很高。

那段时间,是我这三十几年来最卑微的时期。等到我慢慢缓过来以后,再回头看看,才发现从始至终,无论在哪方面,我其实都比他要好得多,只是真心错付才让我变得卑微。他甚至连我当时的真实收入都没弄清,就以为自己多么有能力。他无非仗着我爱他更多,大胆靠臆想自己的优秀、臆想我的一无是处高姿态地和我谈了一场恋爱,通过摔碎一颗诚挚的心,获得了他这辈子唯一的成就感,顺便为我造就了一段每每回想起来便觉得很无语、很好笑、很不堪、很恶心的回忆。

你看,际遇就是这样无常,总是会把一些奇葩安排在我们最天真的阶段出现,让我们被践踏、被伤害;但际遇就是这样奇妙,早早安排奇葩来给我们上一课也未尝不是一件好事,至少尝到了心被摔碎的滋味,以后就不会那么蠢地随随便便拱手奉心。过往的不堪,就当是参观芸芸众生的人品下限了。毕竟,往事就摆在那里,永不会随风逝去,当事人和知情人事后回想起来,只要良心和是非观还在,会被当作谈资的,永远不会是那个一腔赤诚的你。

我是这样回复小叶的:"好好捡起摔碎的心,把它安放到稳妥的位置,下次准备掏出真心的时候,记得要看清对方是不是已经伸出了手。毕竟,这世上总有这样一群人,在他们的品格里，从来就没有尊重他人这一面。他们时时事事以冷屁股示人，并不是因为他们有多么高贵，也不是因为你有多么卑微，而是因为，他们根本就没有脸面。但是，无论你遭遇了什么，请你一定要保持并保护好自己的纯真，待人处事，适可而止，但永不封印，因为真心永远可贵，真诚永远无错。"

FOUR

默默追逐梦想，
就像用纸包着火

梦想就像住在我们心里的星星小火，在它没有形成燎原之势的时候，我们该做的，就是围拢着它、保护着它，不让任何风吹灭它。如果你够努力，且是幸运的，终有纸包不住火的那一天，到时你发光、发热，就是对这个世界、对自己的人生最好的交代。

所谓成熟，
就是看得见人间百态

因为128元钱一斤的车厘子，新婚不久的佩佩开始怀疑人生。那日吃过外卖，她哀号着把饭盒扔进垃圾桶，长叹一声："结婚真没意思啊！"

顿时，格子间内，八卦心骤起。大家放弃了午休，齐齐探出脑袋来，欲知详情。

事情是这样的。不久前，佩佩老公小杨的公司发了点新婚福利，是一张消费额度为一千元的购物卡。上周末，两人打算用这张购物卡去超市买点生活用品。结果，走到生鲜区的时候，佩佩一眼瞥见摆在冷鲜柜中的进口车厘子，卖相极佳，越看越馋，便嘟着嘴，拉住小杨的手晃了一番。在恋爱期间，每当佩佩通过撒娇的方式"求满足"，小杨总会想办法遂了她的愿。听说，小杨曾为了佩佩爱吃的火烧从市区跑到郊区；也曾为了安抚忽然怀旧的佩佩，大雨天专门跑到她的母校食堂只为打包一份拌饭。然而，曾经愿意为佩佩肝脑涂地的小杨，在看到进口车厘子的价格时，直接表示不能买。

"当时在超市里，你们知道小杨是怎么说我吗？"佩佩看着很生气的样子，拍着桌子，"他说那不是几颗水果，那是一个电饼铛！你们说说看，有这样比较的吗？当时好几个人都听到了，他们看过来的眼神，我这辈子都忘不了！"

既然都能用钱来购买，好像还真有可比性。在佩佩的眼里，128元钱能买几颗车厘子，但在"会过日子"的小杨眼里，那不仅可以是一个电饼铛，还可以是一套刀具、半个电磁炉、三分之一个电饭煲、四分之一个烤箱，或者是两天的生活费。

至于结果，佩佩自然没能如愿，全程噘着嘴，看着小杨买了一车的零零碎碎，什么保鲜膜、十三香、洁厕灵、卫生纸、大豆油、四件套……最令佩佩感到惊奇的是，小杨边买边算，最后结账时，刷光购物卡，竟然只补了五毛钱。

出了超市大门，佩佩更加不痛快，看见小杨吃力地拎着四个大袋子也不肯去帮忙。他们家距超市不算很远，所以小杨没有打车，看那架势，是打算步行回去。佩佩望着前面那个走几步就要停下来叉腰歇一会儿的小杨，感觉未来的生活都是灰暗的。最让佩佩受不了的是，他们在半路遇到一家水果店，小杨特意去里面看了一番，出来时，告诉佩佩这家的车厘子85元钱一斤，如果她实在想吃，可以买点，但只买她一个人的份就好，他不吃。

"真的，他那样说，让我特别焦虑，他从前不是这样的。"佩佩说着，眼圈有些发红。她被爸妈从小宠到大，又被小杨从小姑娘宠成小妻子，哪知道婚姻生活还长着呢，以后多得是柴米油盐要经营，责任之下，128元钱一斤的车厘子，都成了奢侈品，要等到明年夏天本土大樱桃变成应季水果时才能随便吃。

看着佩佩，我们这些已在婚姻中翻滚多年的大姐姐，均无话可说。想批评她太作，却也知她会难过，除了心怀不满与迷茫，更多的是对小杨的体谅与心疼；想自揭面具，让她看看我们这些上有老下有小的人过的是什么日子，又怕吓到她，毕竟她的婚姻生活才刚刚开始。

成年人的世界里啊，都是表面看着光鲜，谁还没点不能言说的落魄与无奈。在我们看来，小杨已经做得很好了，他只说买一斤车厘子不如买一个电饼铛实用，还未把要还30年的房贷、源源不断的人情往来、失业的风险、几年后的生育计划、孩子的教育、双方老人的晚年依靠通通搬出来呢，这些事项，平凡如我们，必将要去面对，不知到那时，佩佩会是怎样一番面貌。

佩佩当然没有去买85元钱一斤的车厘子,因为她觉得如果她买了,她吃他看,就背弃了与小杨同甘共苦的婚礼誓言。说到这,她忽然笑了:"哎呀,怎么搞的日子好像过不下去了一样。其实再贵也买得起,我只是觉得不应该买。"

听她这样说,我们都笑了,忽觉人间百态中,少不了她这种。

很久以前,我去逛商场,遇见一对母女。妈妈衣着极其朴素,让我想起我远在农村老家的妈妈。那个女儿把妈妈领进一家卖羊绒衫的专柜,让妈妈自己挑,妈妈选了件紫色的。但是,当售货员结账时,妈妈被那将近一千元钱的价格惊到,坚决不要。女儿说一口流利的普通话,妈妈操着一口方言,两个人就在那家专柜前的过道里,因为要不要买这件羊绒衫产生争执。我看得出来女儿有点窘,一再让她的妈妈小点声。附近那几个售货员远远地看着热闹,眼神中藏着一丝鄙夷。只有那位羊绒衫的专柜售货员,全程真诚地微笑着,等着母女俩做决定,当确认她们不买时,售货员说的是:"女儿孝顺,想给妈妈买件好衣服,但老人家不舍得,那还是算了吧。我妈也是这样的,辛苦一辈子,啥都不舍得,节约惯了,能理解。"

这大概就是普通人的生活面目吧。未到山穷水尽,唯恐不能细水长流。哪有什么天生爱算计,不过就是缺乏安全感。

事实也是如此，就算吃得起128元钱一斤的车厘子，穿得起1000元钱的羊绒衫，但在这世上，总有享受不起的物质。你买房子的时候，会遇到你买不起的房子；你买车子的时候，会遇到你买不起的车子；你给孩子择校的时候，也一定会遇上你进不去也进不起的学校，那时可怎么办呢？赌气和硬撑解决不了实际问题，且仍会有外人用"将就"定义你的决定，用"可怜"形容你的生活。如果你是个女人，他们多半就会把这种谴责刺向你的丈夫。那时，你该明白的是，不管这些超出我们承受能力的事物以何种姿态、何等价码闯入我们的生活，它都永远只是漫漫人生路上的一个顿点，你不应只是为了平息周遭的非议或者受闲言碎语的牵扯而停下来，日子总要继续，你须往前看、往远看。

当年和小崔结婚，因为各方面原因，我们没有办婚礼，只买了一对戒指，甚至连婚纱照也是在婚后补拍的。很多人为此觉得遗憾，他们觉得："哎呀，你一辈子只结一次婚，怎么能这样将就？"所有人都觉得我受了天大的委屈。而我至今仍认为，彼时彼景，风光大嫁也不是不可，但一切从简是最妥当的选择，都已经到了可以结婚生子要经营家庭的年纪，还想要倾其所有换一场锦绣繁华，那真的不是我的风格。

以前不懂得什么是成熟。只知站在现实的边缘，一边遥望他人的悲欢离合、酸甜苦辣、鸡毛蒜皮，一边大放厥词、说长道短，总是把期望放在很高的位置，总是把生活想象得非黑即白，总是用最凛冽的话去戳最柔软的心，总是用最犀利的眼神去穿最沉默的脸。

现在，我终于明白，成熟，其实是个特别悲壮的过程，要去接受你从前不能接受的，要去感受你从前不屑感受的，要去体谅你从前不想体谅的，无论你过得丰裕还是寡淡，不随外界和物质而转移。当你一点一点地把骄傲的自我、神圣的自我、不可被尘世沾染的自我从所谓的最完美的世界里解放出来的时候，当你一点一点把自己对生活的期望从某个高度拉到某个低度并不觉得难为情时，你才会成熟。

你看这个世界上，总是会发生很多超出你想象的事情。孕妈妈挺着肚子挤公交，生产的前一天还在工作；男人在家做全职爸爸，靠女人工作来养家；隔壁的大姨退休了，为了帮助儿子还房贷每天去楼下的公共浴池当搓澡工；亲戚家的儿子大学毕业了，因为找不到工作只能跑去卖煎饼果子；某个男生工作十年了，仅凭工资根本买不起一处三线城市的小房子……

不成熟的时候，上述这些事情，每一件拎出来都足以当作茶余饭后的谈资，每一个站在现实外沿的人都可以借此秀优越感，甚至每一个身处其中的人都可以借此做对比来展现自己过得多么好；而真正成熟了以后，你便不会非议、不会嘲笑、不会唏嘘，因为你知道，这就是人间百态。当事人要坦荡，旁观者应该更坦荡。

我怀孕后，因为反应强烈，多次说过不想去上班，但小崔始终没有说过"那你便不上班吧，我来养你"。我并未因此伤心或者破口大骂"老婆都怀孕了，你还让她上班，你到底是不是个男人，你配要孩子吗"，因为我心里很清楚，这是个涉及现实可行性的问题。我不上班是不现实的，全家人指望小崔一个人来养也是不现实的，即便我有足够的钱支撑我不上班这几年依旧保持原来的生活质量，但为了职业发展、个人的社会归属感等，我也不能接受做全职主妇。既然我明了其中的不现实和不可能，为何要在这件事上滥用少女心和玻璃心呢？

生活就是这般现实的，小公主的惆怅能免则免吧。等到了40岁时，多数人上有老下有小，除了钱，诸多无奈尽数显现。也许到了那个时候，我们才能从意气风发和灰头土脸中看到真正的人间故事，也许那并不美好，但它真实，直抵人心。

默默追逐梦想，
就像用纸包着火

　　直到小樱辞职那天，我们才知道，早在两年前，她就自己开了一家蛋糕店，而且现在已经开了两家分店，据说生意特别好，利润很可观。最值得一提的是，开一家蛋糕店，是她从小到大的梦想。如今，她算是实现了自己的梦想。

　　听到小樱在散伙饭桌上云淡风轻地讲述这两年来的辛苦，一众人等全都惊掉了下巴。八小时以内，她把每项工作完成得特别好；八小时以外，她常常要在蛋糕店里忙到后半夜。除了惊异于一个女孩子精力如此旺盛，我们更觉意外的，是她的低调。

　　有同事打趣她："都开两家分店了，也没让大家知道，你瞒得真够严实的,是怕大家都去免费吃蛋糕吗?"

小樱抿着嘴,有点儿不好意思,说:"其实一开始就怕这事儿干不成,知道的人多了,自己的压力就更大了;慢慢地,蛋糕店生意还不错,我又担心领导知道了觉得我不务正业;后来,蛋糕店的经营步入正轨,我也平静下来,失去急于和大家分享的兴奋劲儿,反倒觉得更没必要说了。"

我大概听得懂她的话外话。让同事们知道自己有一份蒸蒸日上的副业,其实是完全没有必要的,因为不会有几个人肯真心送上祝福。即便有心思纯良的,也会在祝福、钦佩之余生出许多自怜和自危的感慨。所以,这种捅破不讨好、会给他人添堵、给自己贴标签的事情,何必曝光呢?

尤其是,小樱做这些事,是以"梦想"之名。

"梦想"这个词,是小孩子用来装点童真的配饰,放在成人的世界里,有时候等同于笑话,当事人即便知道它很伟大,在众人面前,也常常觉得难以启齿。

在我还是个小孩子的时候,因为家里穷,我很少能穿上新衣服,基于对新衣服的渴望,我在那片贫瘠的童年土壤上播下了梦想的种子——成为一名服装设计师。每一天,只要一有空闲,我就会到处搜罗能够画画的纸,比如包装纸、奶奶的烟盒纸,然后画下我想要的各种款式的衣服。天长日久积累下来,订到一起,竟然也可以算作一本画册了。

那时候,没有人知道我有这样的梦想。一个生活在大山沟沟里的贫穷小女孩儿,怎么可以有服装设计师这样绚烂的梦想?但我对未来充满各种期望,那种期望,让我黯淡的童年生活透进一丝光,是我内心深处美好的、甜蜜的、不能言说的秘密。

结果,这个秘密在奶奶过生日那天被捅破了。也不知是哪位亲戚,他们在翻找工具的时候,在一个柜子里翻出了这本画册,封面还用大字注明了"王小毛作品集"几个大字。我当时还在外面和亲戚家的小孩儿玩,等到发现自己"不安分的老底被揭"的时候,小小的屋子里已经围满了人,他们竞相传看那本画册,嘴上说着一些称赞的话。可是,在我听来,他们的语气阴阳怪调,他们对我的称赞里,充满了成人对一个无知小孩儿的揶揄和奚落。

直到我长大了,懂事了,我才明白,那天在现场的所有人,所有说过"你将来会成为大设计师"的人,其实都不相信我能实现这件事。他们基于自己的生活阅历和社会经验,早已洞察一切都是我在异想天开,尤其是在那样贫穷的家庭、那样闭塞的山村里,设计师这个职业,离彼时的我,真的太遥远了。

这件事给我带来了莫大的伤害,成年人不言而喻的否定击溃了我,从此,我对成为一个服装设计师这件事,心无半分残念。

  与此同时，这件事也给我带来了莫大的阴影，让我养成了保护梦想的本能。以至于当我已经重新找到梦想并为之努力的时候，我不愿意与任何人分享喜悦和痛苦。我很害怕，当我庄严地、虔诚地说"这是我的梦想"的时候，会有人跳出来，带着一脸世俗的嘲讽，把我当成不肯臣服于现实的怪物，或者不甘寄生于现实的、心高命薄的悲剧式人物。

  梦想之所以会被称为梦想，就是因为它看起来距离现实太远，听起来又不那么靠谱儿。多数人是没有梦想的，于是心怀梦想的少数人才变成了异类。

  这些年，我见过太多贬损他人梦想的情景了，多数都以好心为名。

  你说："我梦想成为一名演员。"有人会说："你以为演艺圈是想进就能进的吗？你还是歇歇吧，好好上学、安心工作才比较可行。"

  你说："我梦想成为一名舞蹈家。"有人会说："那是吃青春饭的行业，不牢靠，你还是踏踏实实考个公务员吧。"

  你说："我梦想去环球旅行。"有人会说："你还是安分点儿吧，好好过日子，环球旅行这种事，不是我们普通人家的孩子该去想的。"

  我相信，如果小樱一开始便向全世界宣告，她的梦想是开家蛋糕店，一定会有人说："你有毛病吧，放着好好的白领不做，非要去做个烤蛋糕的。"或者说："你是不是偶像剧看多了？你以为每一个卖蛋糕的，他们的实际生活都像电视里演的那么美好清新吗？"

如果小樱成功了还好，倘若失败了，那些质疑过她的人，一定会再次跳出来，说："你看看，我早就说过了，这事儿不靠谱儿，这下你吃了亏，总该相信了吧。"

所以，如果你是心怀梦想的少数人，最好还是不要那么早让梦想见光。把梦想放到现实里接受强光的炙烤，通常很难吸收一点儿正能量，只会让它枯槁得更快。梦想这东西，有朝一日你实现了它，它就是伟大的、值得称道的，即便你不说，全世界都会知道你的梦想已经开花了，因为香气盖不住；如果你一直没能实现它，那么，有梦想这件事，将会成为众人眼中你所有不如意的源头，直到你放弃梦想，归于平凡的现实，你才算走上正途，才算是个正常人。

梦想就像住在我们心里的星星小火，在它没有形成燎原之势的时候，我们该做的，就是围拢着它、保护着它，不让任何风吹灭它。如果你够努力，且是幸运的，终有纸包不住火的那一天，到时你发光、发热，就是对这个世界、对自己的人生最好的交代。

恋爱不是青春的
期末考试

周一早上，小辉一进入办公室就感觉到空气甜得发腻。只见旁边的小刘不停地冲他眨眼，在他的眼神牵引下，小辉终于发现茶水间里的琳琳和阿强一人端着一杯热咖啡，正在深情对望，热气氤氲中，依稀可见电火花滋啦滋啦。

小辉尴尬地坐下来，心情久久不能平静。琳琳和阿强的成功牵手意味着，在这间偌大的办公室里，只剩下他这一位单身人士了。哦不，是在他的人际圈子中，他终于熬成闪闪发光的大灯泡，不管放到哪里，都只能燃烧自己，照亮别人。

小辉就是那种在情路上走得特别顺的人——一路上一个人都遇不上。有时候，他觉得自己的遭遇就像小时候常玩的一种扑克牌游戏，大家事先藏好一张，然后分牌、互抽配对，而他就是最后被剩下来的那张，却不知道与他配对的那张藏在什么地方。

小辉读大学的时候，寝室里一共有八个人。到了大三那年，除了他以外，其余兄弟全部脱单。伤害是从每一天的清晨开始的，八个人一起走出宿舍，通常兵分三路：被等在宿舍楼下的女朋友认领，去女生宿舍楼下等着认领女朋友，以及独自行走的小辉。每次看着兄弟们成双入对的背影，小辉都会产生一种强烈的危机感，正如大家坐在一间屋子里考试，眼见着别人都提前交卷了，而他还没开始涂答题卡。

寝室老大说："辉，你不能这样消极等待，你得积极寻找。"

谈恋爱谈得极无聊的其他几位似乎对这个话题很感兴趣，纷纷凑过来给小辉出主意。他们非常全面地分析了小辉当时所能接触到的所有女生，综合考虑相貌、身高、体重、性格、单身与否等因素后，大家锁定了班里的单身女生——小夏。

"小夏挺好的，不如你去追她试试？"

小辉是真的有点慌，虽然他对小夏不感兴趣，但他更害怕自己的青春真就白白流逝。加之大家怂恿，一股热血涌上心头，小辉随即给小夏发了约会的短消息。

两个人约在校门外的肯德基见面，小辉没有和女孩子相处的经验,总觉得实诚重于套路。他非常直接地问小夏:"你看咱们班同学都谈恋爱了,不如咱俩也试试?"

坐在对面的小夏抿着嘴笑:"你喜欢我什么?了解我多少?"

小辉转了半天脑子,也不知该如何回复。他不了解小夏,更谈不上喜欢,他想追她,只是因为他想找个人谈恋爱,不当万千情侣中的异类,摆脱那种恐慌感,也就是为了从众。

结果当然不能如小辉所愿。每一场恋爱实质上都是一种尝试,但没有一个女生愿意接受把尝试的基调摆到明面上。小夏果断拒绝了小辉的请求,顺带把对小辉的一点点好感一并删除。她当时想的是:"这个男生怎么这样随便啊,我们话没讲几句,平日里也没有什么交集,突然就跑过来想跟我试试谈恋爱,脑子有病吧!"

因为小夏的拒绝,小辉备受打击,本就内向的他,再也没有提过找女朋友的事。每一天,他只能一脸艳羡地看着兄弟们在爱情里或甜蜜或痛苦的样子,直到毕业。

毕业后,小辉来到现在这座城市发展,每天忙到脚打后脑勺,很少出去玩,交际圈更小,认识适龄女生的机会更少。每到周末,如果不加班,他基本上都选择窝在家里看电影、打游戏。老妈的催婚电话周六必到,他从烦躁到麻木,已经适应。他常拿身边人来安慰他的妈妈:"这座城市里到处都是大龄单身男女,我们公司就有很多,你看我们办公室里还有两个没恋爱呢,我不急。"

结果,周一早上,他就知道那两个没恋爱的家伙牵手了,还在茶水间公开秀恩爱,简直就是一道大霹雳啊。

午休时,小刘劝他:"辉儿,你得抓紧时间找对象了,你都多大了呀,你看咱们办公室里就你单身,以后周末组织团建可以带家属,你好意思去吗?"

他又恐慌了。不同于大学时期的恐慌,这个阶段的恐慌来得更凶猛,因为他意识到自己已不再年轻。他是个很传统的人,不打算单身也不打算丁克,恋爱、成家、生子,这些人生大事环环相扣,目前他连第一步还没迈出。这就意味着,他的下半生要紧追紧赶,才能像别人一样早些进入框架过上稳定的生活。

那天晚上回家,他照例打游戏、看电影,但很快被焦灼的内心折磨得失去了兴致,外卖只吃几口就没了食欲,最后干脆躺在他从旧货市场淘来的二手沙发上独自生闷气。他长得不难看,性格也不错,收入尚可,无不良嗜好,怎么就熬成"剩男"了?你看那谁还有那谁,各方面条件还不如他呢,女朋友都换了三个了!他越想越郁闷,遂打开朋友圈,翻了几遍,发现诸位不是已婚就是有对象,在他有限的交际圈里,仍然只剩当年的小夏一人是单身。

小夏目前也在这座城市里工作，因为当年追求未遂，他有些耿耿于怀，当然更多的是难为情，所以两人一直没聚过。平心而论，小夏是个很不错的姑娘，他也谈不上喜欢不喜欢。他觉得，都这把年纪了，合适才是最重要的，不是吗？

小辉犹豫了好久，写了几句留言又删除，但最终，他还是鼓起勇气发了句"在吗"。

小夏很快回复，小辉受到鼓励，又发了句"咱们在同一座城市，但一直没聚，有时间出来聚聚吗"。

他们约好周六见面，小夏要去爬山，为了这场约会，小辉这朵常年长在椅子上的蘑菇还特意购置了一套爬山装备。出发前夜他兴奋得睡不着，遂又联系寝室老大，想学点和女孩子相处的经验。

寝室老大毕业后就结婚了，现在是一对双胞胎的爸爸。电话那边，孩子们正在哇哇大哭，老大软言软语地哄了好久，才顾得上和他讲话。

"唉，生了对儿子，自己秒变孙子。"老大感慨。

"你都不知道我有多羡慕你！对了，周末我和小夏去爬山，你给我讲讲有啥要注意的。"

老大呵呵笑了许久，冒出一句："没啥要注意的，人家肯带你去玩，就是给你机会，对你有意思，否则谁有那闲心和一男的去爬山啊。加油啊，把握机会。"

可是，第二天见了面小辉才知道，去爬山的不止他们两人，另有一群，其中不乏和小夏适龄的青年才俊。小辉满眼的深情款款，换来的是小夏一句飒爽的"小辉，一看你就缺乏锻炼，一会儿跟上，可别掉队啊"。

小夏和那帮爬友显然非常熟悉，一路上没少开玩笑。小辉也看得出来，其中有两位一定对小夏有意思，总是无故献殷勤。但小夏对他们，礼貌相待，保持适当距离，正如对他一样。他样样比不上人家，此时因为体力关系连走到小夏身边都不可能，又想起这一身上千块的行头，灰心到了极点。

那天晚上回去，他向老大报备了自己零收获的一天。老大恨铁不成钢地说："你倒是占据主动权啊，你约她出去不就行了。"

又是一个周末，小辉约小夏去吃西餐，看到着盛装出席的小夏，小辉才发觉自己穿着运动服来有点不礼貌。两个人聊了一些上次登山的事，又追忆了大学校园生活，饭毕，小辉要结账，被小夏拦住："上次带你去登山，是我考虑不周，你从不登山，买装备也花了不少钱，以后还未必用得上，让你破费了，所以这次我来请你。"

小辉涨红了脸，说："那可不行，哪有出去吃饭让女人埋单的道理！"

小夏淡然地笑了笑，说："现在都什么时代了，男女平等。"说罢,把五张百元钞票放到服务员的托盘里,一个凌厉的手势,示意服务员退下。

两个人面对面坐着,气氛有点尴尬。

小夏极通透,她笑眯眯地看着小辉,率先发出一张好人牌:"小辉,我一直觉得你是个特别好的男人。我也知道你在想什么,因为你是我的老同学,所以我想给你提点建议。"

小辉一听到"特别好的男人",感觉有点懵,一股失落的情绪从脚底升腾。

小夏接着说:"我读初中时因为一场车祸休学一年,第一次高考失利又复读一年,所以,我比咱们那届的同学都大。我今年已经30岁,至今没谈过一场恋爱。我也是个非常传统的人,我想要恋爱、结婚、生子。在这个世俗里,你知道的,女人熬不过男人,年纪越大,越会被挑挑拣拣。你都不知道,逢年过节,我根本不敢回家面对父母亲友。你问我着急不着急,我真的特别着急,比你更着急。但是,小辉,对于爱情和婚姻,我们不能因为着急,因为年龄大就乱了阵脚。你在学校里约过我,想要和我试试,那时候,你不喜欢我,也不了解我。你上次主动联系我,其实也是想和我试试,但仍然不了解我,也不喜欢我。你知道你给我的感觉是怎样的吗?你不是在寻找爱人,你只是在以完成任务为目的给自己配对。才28岁的你,真的没必要这样急吼吼的,相当不好看。"

小辉受教，感到无地自容。小夏一直笑眯眯的，她没有谴责小辉自始至终对她的不尊重，反而以自己的亲身体会疏导小辉。小辉突然明白一件事，小夏为什么一直单身，不是她脱不了单，而是这样的女人，一般的男人配不上。

小辉不好意思地笑了笑，红着脸说了句："我真的很抱歉，我应该调整心态，向你学习。"

小夏笑了，情绪更好些，说："就是嘛，你急什么，好好享受大把的单身时光吧。好好工作，好好生活。爱人是要陪你一辈子的，宁缺毋滥，沉下心来，耐心等待。但同时你也别闲着，年轻人啊，首先要脱贫，其次要脱脂，脱单是最后一件事，切勿本末倒置。如果觉得空虚了，那就多培养点兴趣爱好，你看我，每天忙得根本没时间惆怅。情绪就会欺负人，你要自己调整心态。等你把自己变得更好了，何愁遇不上更好的人呢。"

小辉感觉自己头顶上的那片天，忽地晴朗了，人生从未如此天高海阔。

分别前，小夏拍了拍小辉的肩膀："送你一句话，慢慢来才更快，刚刚好是最好。"

那天晚上，小辉失眠了。他忽然发现，其实一直有个特别好的姑娘在他的世界里，是他没有那么好，所以导致两人之间有点距离。他因此感受到喜欢一个人的甜蜜以及想为之努力的振奋，这次没有急迫，他只想从点滴做起，不问前程。

那天，他给小夏发了条微信，问她："周末一起去爬山吧，我忽然爱上登顶俯瞰的感觉了。只是，这次你慢点，等等我。"

小夏回了句："好的。"

那一刻，躁动的心归于平静，什么都没变，但又感觉一切都在变好。是小夏让他明白，与其让时间推着自己被动往前走，不如自己主动慢慢熬，静下心来，关上耳朵，闭上眼睛。是啊，我们的真心那么珍贵，别浪费，遇不到真正喜欢的，宁愿留着谁也不给；人生的路那么长，别着急，此处亏欠你的，在他处都能得到。

普通人为什么不能
与有钱人做朋友呢

对冬冬而言，我请她吃的那顿饭极为普通，但我已用尽全力。彼时的我，还是第一次去那种地方吃饭。长期的贫穷限制了我的想象力，望着那些闻所未闻的菜名，感受着服务员友好却又有些居高临下的气场，我感到无所适从，只好心怀忐忑地把菜单推给冬冬。我了解冬冬的消费水平，那不是我能承受的。但那天是我主动提出请她吃饭，理应让人家尽兴。冬冬好像看破了我心思，笑眯眯地把菜单推回来，温柔地说："亲爱的，你来点吧，我不挑食，啥都吃。"

我翻了几页，望着好看的产品图片和骇人的价格，下意识地咽了几次口水，一边捏着兜里的钱，一边快速心算，最后，为我俩各自点了一份沙朗牛排,一份芝士虾球,一份甜点,一份奶油蘑菇汤,还有一杯果汁。

全部都是不超出我认知的食物,只不过从前我在快餐店里吃它们,现在换到了高级西餐厅。

我问冬冬:"可以吗?你看看还有什么想吃的?我也不太懂。"

冬冬笑眯眯地说:"这些就够了,都是我爱吃的。咱们别点太多,浪费了不好,如果不够再加也来得及。再说咱们就是吃个午饭,不用整西餐那一套,吃饱就行啦。"

这就是我这么穷,但能和那么有钱的冬冬成为朋友的原因。她身上没有一点我们认为"富家女"应该有的骄矜,能将就任何人,还能让所有人都不感到尴尬。上学时,她跟着我们这些或贫穷或家境普通的同学吃遍了学校西门的路边摊,陪着我们逛遍了廉价的地下商场,当我们喜欢某件衣服又没有勇气砍价的时候,她都会冲在前面给出一个"拦腰斩"的价格,从不惧怕被某些刻薄店主翻白眼或奚落。

很久以后,步入社会的我才明白,那种不惧,其实源于骨子里的自信。真正的有钱人,从不怕被人嘲笑是不识货的土老帽,就好像哪怕他们穿着从地摊买来的衣服穿行于一群名牌中间,照样身姿挺拔,不像我们一进门便败下阵来,全程局促不安。

有冬冬在,那个"我们是穷学生"的牌子,便一直由她背着。

自认识冬冬开始,她帮了我无数个忙。演出的时候我没有拿得出手的衣服,冬冬说"你不要花钱去买,穿我的,多个人穿它,还能发挥它的最高价值";全宿舍出去郊游,冬冬说"你们都别买零食了,我这有一堆,再不吃就过期了,你们帮我吃了吧";急需用钱的时候,冬冬说"别着急,我借你,你把钱借走我还能少花点多存点"。偶有一次我帮了她一个小忙,她便总是念念不忘,一次又一次地请吃饭;可当我感恩她的帮助时,她又总是说"都是小事,你不要放在心上"。

我知道,她并不需要我为她做什么。哪怕多年后我已经摆脱困境,但我能给予她的,也多不过她给予我的,且不是她需要的,只不过会让我自己好受一点儿而已。我时常与旁人念及冬冬对我的好,去哪里都想着给她带点礼物,这时便会有人说:"哎呀,人家那么有钱,差你这点东西?"

然后我便与那人讲,当年冬冬是如何帮我。那人嗤笑:"她那么有钱,不会在乎的,你根本不必耿耿于怀,我要是像她那么有钱,我也会对朋友付出很多。"

我不以为然,人家是有钱,但人家又不欠我的,我欠她的情与她是个有钱人,这是两件事,不矛盾。

想请冬冬去像样的地方吃一顿像样的饭,是我一直以来的愿望。刚毕业那几年,工资很低,又要还房贷,又要生活,连自己吃饱饭都不够,这个愿望便只能是个愿望。好在,几年后,日子终于好起来。某天,我给冬冬打电话,很明确地提出想请她吃饭。她很开心地答应,但最终还是说:"我一定会去,但这顿我请你,下顿你请我。"

我知道到了下顿,她又会说:"下下顿你再请我。"

我明白,她是心疼我孤身一人在这里奋斗的苦,于是便给这顿饭找了个由头:"这次我一定要请你,因为我这个月发了很多稿费,咱们庆祝下,你就别跟我争了。"

我们之间很少说客套话,但那天在饭桌上,我还是说了。我说:"冬冬谢谢你,谢谢你帮我那么多,以前每次出来吃饭你总是抢着埋单,我知道你有钱,但这份情我一直记着。现在我的条件比过去好太多了,我也想要为你做点什么,哪怕你从上学时的富家女变成了现在的富婆。"

冬冬正在吃虾球,听我这样说,哈哈哈地笑个没完,末了,她眼里闪着喜悦的光,大声说:"你要是这样说,那我可就不客气啦。"

她没有说更多,但我懂。这些年,她一直被"有钱人"的身份"绑架"着,做了很多"说了就是计较,不说就很憋屈"的事。比如,一群人出去吃饭,大家默认由她埋单,时间一久她自己不主动埋单甚至会觉得有点罪过,因为她最有钱;很多人找她借钱,但很多人都拖拖拉拉很久才还或者干脆不还,因为大家觉得她有钱,不该差这点钱;她的生活用品,似乎是公用的,谁都来借,消耗品也不例外,用完了她默默补上,大家习以为常,因为大家觉得她有钱,不会在乎。

其实步入社会以来我很少遇到欺负穷人的有钱人,却总能看见欺负有钱人的穷人。一些人甚至怀着劫富济贫的心理实施"平均主义"。"反正她有钱,她不在乎,她的一点点等同于我们的很多"是这些人的普遍心理,可谓占了便宜还卖乖。

我不知道冬冬从前对我是怎样的定位,但经过这顿饭,我觉得自己至少配得上"朋友"这两个字。因为社会阶层、贫富悬殊、眼界见识、消费水平、生活习惯等因素,我们可能真的无法成为超级密友,但我至少配得上成为她的朋友。

普通人为什么不能与有钱人成为朋友呢?有时候不是我们高攀不起人家,而是我们自己贬低了自己还不自知。我们在与他们交往时无力实现物质上的平等往来,又不想实现人格上的平等共处,还总能找出一堆理由将自己占便宜的行为合理化。明明是自己不想给,却偏偏说人家看不上;受了恩惠不声不响,安慰自己如果是别人她也一样会帮忙;得了好处理直气壮,硬要把人家的一片好心曲解为显摆和找存在感;

人家以诚相待，我们反而因为自卑而生出许多自负，处处挤兑，时时逞强，以显得自己高高在上。

这不是来交朋友的，这是来闭眼吃大户的，丑陋又猥琐。

是的，我没什么钱，但有一个特别有钱的朋友，对于我们之间的关系，我一直认为，她既看得起我，我定要看得起自己。有人说，她总是大手笔，我是真的还不起。那你便和她讲清楚你的想法，同时明确她的好意，很少会有人那么无聊，花很多钱和时间与你在一起只是为了为难你、羞辱你。他们常说"朋友之间不必计较那么多"，但我们应该知道这个前提是各自心里有本账，大家都不说破，但绝不会让对方在偶尔"翻账本"的时候发现自己总是借贷不平衡。

切记，没有人会无条件地对我们好，所以更不能失去那些有条件地对我们好的人，否则，这世上就没有对我们好的人了。我知道，平凡如你我，和一个特别有钱的人成为朋友有时是一种负担，这时候，你更应该明白一件事，他有多少钱都是他自己的事情，他愿意如何在友情中使用"钱"这个工具也是他的自由。你若想要拥有一段轻松的友情，就要把他当作一个朋友，不是一个"有钱的"朋友，更不是一个冤大头。

你的好，
父母想让全世界都知道

有次回家，见妈妈还穿着我早就要扔掉的那双旧运动鞋，搭配着一身洗得泛白的运动服。她走近时，我仔细一看，原来是我高中时的校服！那可是距今十多年的"古董"啊！这时，爸爸应声从园子里钻出来，他的一身造型也没好到哪里去。打眼一瞧，他穿的是我弟弟早就不要的卡通短袖衫和不知从哪里淘来的迷彩裤，裤子的膝盖处还破了一道口子。

这对瘦得干巴巴的老头儿老太停下手里的活计，喜滋滋地凑在一起商量着给我做些什么好吃的，却不知道我一点儿胃口都没了，吃什么吃啊，已经被他们气饱了。

妈妈搂着我进了屋，与我简单聊了几句，便钻进厨房里忙活起来，根本没有察觉到我的情绪。我实在忍不住，跑过去问她："你们穿成这样，是不是想告诉亲戚邻居，我们姐弟三个不孝顺哪！"

妈妈一听这话，赶紧放下手里的炒勺，用她的手摩挲着我的脸，小声说："你别生气，别生气。大家都知道你们孝顺，关键是我和你爸天天干活儿，哪有机会穿好衣服啊。"

这是她一贯以来的说辞。给她买件外套，她虽然满心欢喜，但嘴上说的是："我天天喂猪喂鸡，大门不出二门不迈，以后不要乱花钱买衣服了。"终于，某天她要去亲戚家随份子，我说这下你可以穿得漂亮一点儿，她却翻出一件干净的旧衣，一边穿一边对我说："你妈不是那种讲究吃穿的人，也没那个虚荣心，干净整洁就挺好。"

有一次，我随着她一起去串门，一大堆亲戚聚在一起，数她最显眼。其他亲戚，不管是比她年轻的，还是比她年长的，都铆足了劲儿想让自己看起来光鲜一点儿。只有她，顶着花白的头发，着一身灰扑扑的衣服，看上去特别惨淡。她无比坦荡地在人群中走来走去，不觉得有任何不自在，但我的心里真不是滋味。尤其是那些久不联系且不了解她为人的远房亲戚，看她的眼神中总是有那么一丝怜悯的成分，还会把她常说的"我这个人真的不在乎吃穿"当作是她生活不如意的自我宽解，让我更加受不了。

都说父母年纪大了就会有虚荣心，但我感觉儿女的虚荣心其实更甚。当年我们家受过的穷、吃过的苦、遭过的白眼一直都在我心里，早已变成不能释怀的小魔障，所以等到自己稍有能力后，便要想尽一切办法向旁人证明，我是争气的，我们这个"咸鱼之家"翻身了，当年的穷苦，我爸妈没有白吃。

这些年来，我和我姐姐给爸妈买了很多衣服，悉数挂在家里的大衣柜里，但他们没有穿过几次，有的甚至连标签都没摘。还记得五六年前我曾给妈妈买过一双小羊皮的平底鞋，她至今一次也没有穿过，因为"不习惯穿这么好的鞋"，等到搬进新家整理旧物的时候，我们已经找不到这双鞋了。

妈妈常说："不要给我们买那么多衣服和鞋，我们这把年纪穿什么都可以，也不喜欢费那个心思换来换去。再说平时没有适合的场合，总在家里干活儿，弄坏了还心疼。"

有一段时间，我听信她的话，就没再给他们买衣服。某次回家，正好赶上她与邻居们唠家常，说着说着，家长里短的主题就变成各自的孩子。一位大姨说自己的女儿前天给她买了一件很贵的呢子大衣，弄脏了还要干洗；另一位大婶说自己的儿子刚寄回两套冲锋衣，是国际名牌；还有一位大妈直接从自己的脖子处拽出一条金灿灿的项链，抖了抖中间硕大的金坠子，说："我姑娘送的，一万多元哪，这个小败家子。"

说完这话，一串"哈哈哈哈哈"从她的嗓子眼儿里蹦出来，她看起来超开心，一点儿也没表现出心疼那一万元的样子。

我妈那时没什么可"炫耀"的，只能附和着他们的谈话，夸奖他们的孩子孝顺。彼时彼景，让我想起小时候几个小朋友聚到一块儿交换各自的新玩具，而没有新玩具的那个小朋友，只能眼巴巴地看着。顿时，觉得心酸得要死。

从那以后，我明白一件事，等父母熬到以子女为谈资的年纪时，子女便会成为父母所有优越感的来源，这种优越感对父母来说特别重要，甚至可以成为他们晚年的支撑。旁人不会觉得父母老了以后还过得苦哈哈是低调，旁人只会施以更多的同情和猜测，因为这从侧面说明父母的子女要么没出息、要么不孝顺，无论是哪一点，都是做父母的失败。很多时候，有些尴尬不是心胸坦荡就能化解的。

后来，我又像以前一样，给父母买礼物、买衣服、买吃的、买用的。每次打电话通知他们留意邮局的包裹，他们便会在电话那头絮絮叨叨十几分钟，"怎么又开始买衣服，上次买的都没有穿过""你寄回来的都是小孩儿吃的零食，我们这么大年纪吃它干啥，又不顶饿，多浪费""高压锅我也不会用，你买它做什么，还是自己拿回去用吧"……

后来我再回家，又碰到妈妈与邻居亲戚们聚在一起聊家常。妈妈会说"姑娘寄回来的那些吃的，我从前连见都没见过""每次她们回来都给我们买衣服,我们哪有机会穿,不让买吧又要生气""你们看看厨房里的那些小家电,我们平时只做些粗茶淡饭哪里用得到"……

有时候,她根本无须说太多,邮局送到家的包裹、亲友顺路帮忙取的快递足以说明一切。

等到儿女长大成人,父母的"虚荣心"也同步长成。这是我们这些做儿女的,一定要知道的一件事。父母养育我们不图回报,他们图的是我们有回报他们的那份心意;他们不在乎你以何种方式表达这份心意,但你一定要有所行动;你以为他们向旁人炫耀的是对物质的满足?其实他们炫耀的是儿女对自己的好。

所以,很多人常常说:"这辈子,养个好孩子,比什么都强。"

爸妈后来也开始穿我们送的新衣服,也会在人群中不经意地提一嘴"这是孩子给我们买的"。然后,大家此起彼伏地晒起了各自孩子的孝顺、批判起孩子们花钱不眨眼的消费习惯。孩子若是真孝顺,父母们惯会用欲扬先抑的手法不露痕迹地向所有人宣告自己有多安慰。过去,这是我妈不屑于做的事;而现在,她经常会做人群中那个带节奏的人。

不知从何时起,我妈好像变了一个人,开始戴金银首饰,能够接受看起来花团锦簇、富贵逼人的衣服款式。她慢慢变得不那么独特，慢慢变成普通老太太们中间的一个。我知道，她过去的文艺清新格调不是清苦的日子逼出来的，如今她的内心深处依然保持着"日子不是过给别人看的"的情操，但她实实在在地向世俗靠拢，因为自己孩子的好，不能仅限于自己心里知道。

　　看穿了这一点，便知儿女才是父母一生的底气和荣耀。我们不能给父母添这样的麻烦——想在人前维护你的形象和口碑却找不到有力的证据。他们历经风雨，未必在乎他人眼光。但是，当父母顺着流逝的时光，慢慢退到我们的身后时，我们应该让他们拥有一个绚烂的晚年主题，让他们的脸上每一天都挂着因儿女而生的光彩。我只希望，自己能通过努力告慰全家人挨得最艰难的那段日子，让一直弓腰埋头的父母也有挺胸抬头的时候。无论他们有着怎样的性格和生活方式，只希望人前人后，他们能过得表里如一地好，能尝到苦尽甘来的乐。

未必求婚之人卑微，
未必被求之人矜贵

某个周末，我去附近的万达广场闲逛，有幸碰见一场盛大的求婚。我到时，参与那场求婚的亲友团已经准备了很久，只见地面上用玫瑰花瓣摆上了心形图案，一簇簇粉色的、紫色的、白色的气球系在附近的栏杆上，人群中还有一位正在调试机器的非专业摄像师，虽然有摆拍嫌疑，但这份用心，也是不容置疑的。

当时现场围了很多人，我在人群外围听到诸多议论，捕捉到一条非常爆眼球的信息：今天策划这场求婚仪式的，是个女孩儿。

即便当下人们对性别与行为的匹配已不再那么固化，女性在感情中占据主动权的情况越来越多,但我还是不得不赞叹一句:"勇气可嘉。"

大约十分钟后,一个小伙子满头大汗地冲过来,一边跑一边打着手势,大意是:被求婚的男主人公马上就到,请"各部门"做好准备。

围观群众很兴奋,亲友团很紧张,显然没有什么经验,拿戒指的、送捧花的、准备放飞气球的乱作一团,非专业摄像大哥一直扛着机器蹲在人群中,连镜头盖都忘了开,幸好有好心人提醒,不然可就糟大了。

这时,男主人公出现了!不得不说,气质超好、颜值超高。一众人适时起哄,将一个娇小的漂亮女孩儿推出来,我才得以看清今天的求婚策划者长什么样。

求婚很顺利,男孩儿很感动,两人拥抱在一起的时候,全场响起热烈的掌声。很快,他们偕亲友团离开了现场,围观的小孩子们蜂拥去抢漂亮的气球和丝带。

有情人终成眷属,良辰美景没有虚设。

美好的氛围总是让人心生喜悦,即便与我无关。我回味片刻,便跟着围观人群散去,一路上听到很多人对这件事的议论。

"亲爱的,你明天也跟你男朋友求婚吧,我帮你搞一场更盛大的。"

"算了吧,我才没那么上赶着呢!要求也得是他跟我求才对呀!谈恋爱的时候,女孩儿要是太主动了,男孩儿是不会珍惜的,你不知道人性至贱吗?尤其是他妈,本来就觉得自己的儿子优秀得不可方物,我要是主动求婚,他妈以后指不定编派出多么难听的话呢。"

我看着前面这一对"肤白貌美大长腿"的小闺密,一时间也不知说什么好。刚才的求婚很美好、很真诚,但她们说的也很残酷、很现实。

现实就是这样的,男男女女,一旦扯上了感情,越是走得远,越会被"人际"化。

你先对我好,我才会对你好,天经地义,互不相欠。

你对我六分好,那我就控制自己对你七分好,多一分就算我贱,会惯出你的臭毛病。

你给我多少,我便回报你多少,多了显得我被你套住,少了显得我占你便宜。

不管我有多爱你,我都不能让你觉察我离不开你,否则就会处于弱势地位……

很多所谓的爱情,其实无时无刻不算计,当事人满口甜言蜜语,但心如明镜,以后的日子很长,不是东风压倒西风,就是西风压倒东风,谁被压倒谁就没有出息,谁不端着谁就不会被珍惜,婚后一辈子抬不起头,来得容易,说抛弃就抛弃。

永远待在对方的心尖上，是很多人在谈情说爱时追逐的效果。我们所做出的某些行为，温柔或冷漠；说的某些话，甜蜜或决绝，也许只是一个在对方心窝里爬上爬下的过程。我们必须让对方在安稳的恋爱中偶尔产生对失去当下的恐惧，我们也需要对方在恐惧之余产生失而复得的万幸感，仿佛不折腾折腾，对方就会把自己的存在当作一种习惯，我们想要其中的依赖，可是我们不想要其中的心安理得、麻木、无所谓。

事后，我问过一些未婚的女生，将来是否愿意主动向男友求婚。多数女生回答不愿意，她们认为求婚历来是男生的责任，女生求婚太跌份儿，姿态太低。这些女生对什么是女生应该做的、什么是男生应该做的，有非常清晰的认知。

而在回答愿意的女生中，大致分以下几类：第一类，不经世事，特别单纯；第二类，特别特别爱对方，爱到不权衡的地步；第三类，女生在各个方面都特别强大，她们活得随心所欲，那些普通女生患得患失的东西，她们根本就不在乎，更是懒得拿捏。

第一类女生，以后会有人适时出现给她们上一课；第二类女生，爱到失去自我，得到好下场的寥寥；第三类，即便没有善始善终，也会把横冲直撞演绎得特别潇洒，因为她们有退路、有底气，她们输得起。

同样都是在爱情里卑微到极致，可是，当她们想要抬起头来的时候，有的人依然前路渺茫，有的人却能马上找到另一方天地。所以，后者有什么可害怕的呢？只要尽兴就好了啊。

　　说来说去，人性只是一个方面，我们怕这怕那，还是因为自己不够强大，所能把握的东西太少，爱情因而成为生命中最重要的、最珍贵的或者全部，如此，怎能不小心翼翼？人性至贱这件事，如放到真正的强者面前，根本不足为惧。

　　我爱你，我就要时时刻刻表现出来，我要让你知道，这是我在行使表达的权利。

　　你感动，我接着，那我们就好好在一起，没什么谁主谁次、谁优越谁卑微。

　　我因此被你的亲朋好友非议，甚至因此被他们瞧不起，没关系，我从来没把他们放进眼里，我要的只是你。

　　后来你被人性阴暗面主导，骄傲忘形，对我不再珍惜，没关系，我的爱情里只有你，但我的世界里不是只有你，一点儿小挫折而已，不会影响我和这个世界的相处。

　　离开你，我还是我，永远不会被动地活着，我当初选择你，我后来放弃你，都不算失意。

　　这大概才是爱情最好的样子吧，有你时相依相偎，没你时不会天崩地裂，浓情时蜜意，失恋不失意，无论结局如何，背影比面目更好看。

其实，无论男女，在爱情里，每一个人都很矜贵，每一个人都可以卑微。能遇到让我们卑微的人，是我们的大幸。但这并不代表，我们就该一直卑微下去。茫茫人海中，谁是对的人？就是那个让你甘心卑微又不会一直让你感觉卑微的人。

被父母"掰翅膀"的滋味

"我看你是翅膀硬了!"

无数父母都对自己的孩子说过这句话。我自诩乖巧懂事,但也被爸妈这样训过,当时最深切的感觉,竟不是反驳,而是惶恐与不安。我惶恐的是,我是否做了一件超出我人生阅历的错事而不自知;不安的是,我从父母痛心疾首的面目中,感受到我对他们的伤害和打击可能已经越过亲子关系可承受的极限,有点儿大逆不道。

至今我还记得被爸妈这样训斥的场景。第一次是在我读初中时,某个周末,我揣着住校期间省吃俭用积攒的三元钱去镇上的理发店里剪了个当时特别流行的刀削发。在此之前,我的头发全部都由我妈妈来剪。妈妈不是专业理发师，她只会尽可能把头发剪短，不仅暴露了我的面部缺点，还让我看起来雌雄难辨。

那个月末，我顶着修饰一新的发型回家，隔老远，妈妈便发觉了我的变化。她从我进门开始，一直絮絮叨叨说了一个下午。在当时，三元钱对我来说是个什么概念？那是我六顿饭的饭钱。那时我家真的太穷了，家里很少按照我的实际需要给我生活费，每一次，妈妈都会说："只有这些，你就凑合一下吧。"以我家当时的经济条件，我能继续上学已属万幸，所以每次拿到明显不够的生活费，我的第一个想法就是如何充分利用这些钱，让我不饥不饱地度过一个月。

所以，我本不该花三元巨款去剪头发。妈妈数落我的声音越来越大，从痛斥我的不懂事，到痛陈家里为了供我读书有多艰难。在我少年时，生活太过艰难，已经磨蚀了妈妈的温柔，她经常把这样的道德重担压在我的肩上，让我一直觉得家里穷都是我上学读书造成的。当时，我感到委屈的地方在于，那三元钱是我自己饿着肚子省下来的，我有权利在吃东西和剪头发之间任选一样，即便我不剪头发，这三元钱也不会剩下。

然后，我鼓足勇气在妈妈密密麻麻的训斥中劈开一条缝儿，将她的话怼了回去，我大声哭喊："这是我自己省下来的呀！我只是剪了个头发，因为分班前要拍集体照，我不想那么丑，你至于这样说我吗？"

我很少这样反驳妈妈。那一刻，她惊呆了，只见她面部轻轻颤抖着，而后更加愤怒，她便说出了那句："我看你是翅膀硬了！这个学，你能上就上，不能上就别上！"

这就是我最大的软肋。几天后返校，我还是觍着脸去跟妈妈要生活费，并保证以后再也不会乱花钱，妈妈虽然全程冷面，但她终究没有在我经济不能独立的时候，掰断我的翅膀。

后来我艰难地读了高中，又考上了大学，那时家里经济条件稍有改善，加之有亲戚的帮助，我的住校生活好了很多，至少能吃饱饭。我终于走出那个闭塞的小地方，来到了城市，各种新颖的、时尚的、文明的体验向我袭来，在潜移默化中改变了我，让我长了更多的见识，更让我从心底生出一丝对家乡的厌弃。

大二那年放暑假，我一直挨到最后一天才离校，是的，我不愿意回家，当时那个破旧的、脏兮兮的、充满负能量的家，请原谅我那时的浅薄和不懂事。几经辗转，到家时已是下午1点，一家人都在等我一起吃午饭。爸爸下午还要出去干活，吃得很急，咀嚼时发出吧唧吧唧的声音，吃到最后一口时，他直接端起菜盆呼噜噜喝汤，我实在忍不了，就对他说:"爸,你怎么能这样喝汤呢,别人还怎么吃呀?"

我爸爸是个粗心人,但他也看得出我的嫌弃和鄙夷。他被我的态度伤到了,便瞪圆了眼睛,大声说了句:"我早看出来了,我做什么你都看不上,我看你是翅膀硬了,读了几天大学就不知道姓什么了!"

他气愤地撂下筷子摔门而去,"砰"的一声,震碎了我心里的五味瓶。那些装在漂亮罐子里的酸甜苦辣咸唤醒了我,伴着妈妈的叹息,我忽然感到无比愧疚。

从那之后,我再也没做过让爸妈难过的事,再也没听过他们对我翅膀越来越硬的批判。

我爸妈也曾对我的姐姐说过这样的话,原因是他们反对我姐姐和我现在的姐夫在一起,但姐姐死心塌地、义无反顾。姐姐结婚的那天,妈妈全程冷脸,从头至尾都是一副想哭的表情,主持人竭尽所能煽动气氛,到处都是一派喜气洋洋的景象,但始终没能让我妈妈好受一点儿。过了很久,妈妈都没能缓过来,有亲戚来劝,她长吁短叹地甩出那句:"翅膀硬了啊,管不了了啊!随她去吧!"

她虽那样说,但姐夫来了依然好酒好菜招待。后来,小外甥出生,凭着萌爆的气质成为我妈的心头肉。大家打趣她,如果当初真把姐姐的婚事搅散,就不会有这样可爱的外孙了。妈妈嘴硬,辩解道:"孩子是孩子,大人是大人,两码事!"

一转眼便是这么多年，爸妈越来越老，面对我们姐弟三个做出的种种他们不能理解的行为，越来越无能为力。我和姐姐还好，但这种无力感在弟弟身上体现得最为明显。

就在前几天，我按照惯例给妈妈打电话，听出她的哭腔，反复追问后才知道，她又和我弟弟吵架了。

是的，我说的是"又"吵架了！我已经记不清她和弟弟吵过多少次。弟弟骨子里有股倔劲儿，是个喜欢用心做事但从不解释缘由的人，和我妈妈万事都喜欢刨根问底完全是两个画风。从前，引发两人矛盾的，都是一些生活琐事。直到有一天，弟弟辞掉自己的工作，准备创业，这件事彻底激怒了妈妈。

在弟弟打算辞职之前，曾以闲聊的方式试探着问过妈妈。妈妈的回答非常肯定："不可以。"弟弟当时在一家国企工作，五险二金，工资优厚。但这份工作的不好之处在于：没有假期，无法稳定，需常年跟着项目四处漂泊。最重要的是，弟弟这个本应该去搞技术的测绘人员，因为心细谨慎且会操作的软件多，而被派到办公室做管理工作，这是体面的说法，实际上，他就是在干一些琐碎的、没有任何技术含量的事情。

弟弟后来偷偷和同学看好了一家店面，两个人决定辞职合伙开店。我是第一个知道这个消息的人，但等到我知道的时候，他们已经进行到要签订合同的阶段。我跟他分析利弊，调动一切人际关系去了解他要开的店，那个品牌、那个行业的前景还有那个店面的地段，说实话，条件不是很好，但这是他们能负担得起的上限。他一再坚持，我只能改劝阻为支持。

店面开业后，弟弟递交了辞呈，这时妈妈才知道。她没有像往常一样爆发，而是沉默了很久才说了句："你们大了，翅膀硬了，我不管了。"

可见她有多伤心，已经无力爆发。我猜她肯定偷偷哭过，为弟弟对她的刻意隐瞒；也曾无比气愤，因弟弟的一意孤行不听劝；睡不着时必定深深担忧过，为弟弟的年轻和冲动。但无论她如何百感交集，最终都不得不面对这样的事实：那个曾经恋着她的怀抱，她离开一步都会因没有安全感而哭闹，一直视她为生命依靠的小男孩儿，如今真的长大了，长大后的第一件事，就是无情地脱离她。

我和姐姐又何尝不是如此呢？在感情上，在学业上，在工作上，在生活上，我们哪个没在父母的心上插过刀呢？这就是我们成长的仪式。随着我们的成长，父母给的屋檐终究太小，外面的世界终究太大，我们没有办法视而不见，甘心做他们羽翼之下的乖宝宝。

是的，我们翅膀硬了，所以才想飞去外面的天空，因为这才是长翅膀的最终意义。父母总想掰断我们的翅膀，结果，就在我们脱离他们的羽翼那一刻,我们无情地掰断了他们的翅膀。父母根本掰不断我们的翅膀,他们最终只是戳伤了自己的心。

而我们这些曾经的小雏鸟,就这样从父母的一部分变成了独立的个体,希望泪流满面的父母能目送我们飞向更广阔的蓝天,而不是把我们当作风筝一样,用母子情、父子情这根线牵制我们、左右我们。我们形容他们常说的那句"这是为了你好"的时候,用的是"美其名曰"。

孩子长大,对父母而言,其实也是一种伤害。在这个世界上,不再被孩子需要,也许是父母热切期待却又最难以接受的事。都说父母伟大,在我看来,他们最伟大的地方就在于,既要教会孩子离开自己,又要积蓄足够的力量完成这场分离过后的伤口自愈。最后,他们不得不捂着伤口瞠目结舌地看着我们在他们面前竖起了"请勿越界"的牌子,执意仗剑走天涯。

其实,父母并不知道,我们有多么爱他们。

弟弟和妈妈闹得很凶的时候,很久不打电话回去,但他会通过我来了解家里的境况。当他听说爸爸妈妈还在做很辛苦的工作只为了多赚点儿钱的时候,长叹一声,说:"唉,真希望我奋斗的速度,能快过他们老去的速度。"

我也是这样想的。我有时候真的很着急、很着急,我总觉得自己成长得太慢了，我好怕得到我想要的一切时，已经没有给予的对象了。父母想掰断我们的翅膀，最终以我们掰断父母的羽翼结束，这是爱与被爱的作用力与反作用力，唯愿时间与我们付出的汗水，能向父母证明这一切，决绝之下，尽是深情。

若你归来不再少年，
也要一直灿烂

2017年初，弟弟未与家人商量，偷偷辞掉那份毕业后一直从事的"铁饭碗"工作。我得知消息时，他正准备和朋友一起盘下一家洗衣店。

眼看退路全无，作为他的姐姐，埋怨、生气都无意义，我能做的，就是尽自己所能去帮他。我曾找朋友了解过那个地段，其实并不是十分理想。但弟弟已经什么都听不进去，他的脾气向来如此，一旦认定要做一件事，谁都阻拦不了。

洗衣店最终在知情人都不看好的前提下开业。从前在单位上班，只管做好自己分内的事情，不必操心，上有领导下有具体执行人员，日子过得特别轻松；等到自己同时扮演做决策、做管理、做执行的角色时,弟弟才发现,当初的自己,有些天真了。每天一开门,等着他要做的事情,实在太多,而且未必件件有效益。

洗衣店开业以后,实际情况正如大家所担心的那样,因为地段关系,客流量很一般,效益不佳,每月收入根本不及他们当时的工资。弟弟和他的合伙人都没有开洗衣店的经验,经常收一些他们洗不好的衣物。两个人都没有做过销售类和市场类职位,如今迫于经营压力,只能现学现卖,非常笨拙地做一些促销活动。他们自己设计宣传单,一下子印出几万份,店里不忙的时候,便顶着骄阳到街上发;弟弟还建了微店,提供上门取货服务,额外增加不小负担但收效甚微。在开店之初,他们原本打算去附近酒店揽一些洗床品的大单子,也曾费了好大力气拿下一家小旅店的业务,等到熬了两个通宵把洗干净的床品送回去的时候,他们才在店主的质疑声中了解到,他们店内的设备,根本洗不了也烫不了旅店的床品。这件事给弟弟带来的打击,无疑是巨大的。尤其是店主最终勉为其难地给他们结了账,只是因为觉得两个小孩儿开店不容易,这种善意的关照和宽容,反而让他们更难受。

从前,弟弟工作清闲,时不时在线与我分享搞笑网络段子、好看的电影、靠谱儿的网店,但自他开店后,我们的联络越来越少。他再也不主动联系我,每当我联系他时,时常要隔两三天才能得到回应,甚至拒不回应。我知道洗衣店的生意没有那么好,他也没有忙到没时间回复我,他只是不想和我说太多而已。

因为压力、因为期望、因为担忧,等等。恐怕他最不想听到的,就是"最近店里的生意怎么样",可是我们这些人,每次打通电话总是忍不住这样问。我们不是要给他施加压力,我们真的就是担心,担心他入不敷出,担心他着急上火,甚至担心他把所有钱投到店里,自己没闲钱过活。他已经26岁,当初一意孤行,如今恐怕无论混到何种境地,出于自尊,都不肯向我们求助,只自己白白受苦,这才是我们最忧虑的。

弟弟开店这件事,起初只有我知道,后来才告诉姐姐、妈妈和爸爸,亲戚们是在洗衣店运营大半年后才慢慢得知的。这样做的目的,就是不想让他承受太多饱含压力的关心、出于好意的责备、不怀好意的暗讽。毕竟,当初他有一份让所有人都羡慕的"好工作",在很多人眼里,旱涝保收的工作就是好工作,自己打碎自己的饭碗,那不叫有勇气,那叫傻。

果不其然,当弟弟辞职开店这件事不再是个秘密时,很多质疑的声音从四面八方响起。有人说他白读了大学,最后还是做了不上大学的人也能做的事;有人觉得他一定是在原单位犯了什么错误,才会从一个吃皇粮的变成给别人洗衣服的；有人当着我爸妈的面说"哎呀，你的儿子好有闯劲"，实则背后说的是"好不自量力"；有人在刚开始听说弟弟开店时，特别支持，等到知道洗衣店效益不佳时口风急转，变成"这年头还是得好好上班"；有人看我爸妈的眼神发生了变化，里面藏着很多不可言说的意味……

很多时候，你不改变一下自己的处境，你都不知道人心与人言有多可畏，那种绵里藏针的问候、事不关己的冷眼、点到为止的意见，会让你在特别敏感、特别迷茫的时候，更加孤单并充满自我怀疑。

我知道，与很多倾尽所有去追求梦想的人一样，弟弟想要的不过是，当旁人听说他辞职开店的时候，只给一个"哦"的反应，就像知道今天晚上要吃什么一样平常，不要把他捧起来给惊天动地的掌声，也不要把他踩下去给万劫不复的预言，有朝一日他失意了不要怜悯他，他成功了也不要赞美他，就容他安安静静地、心无旁骛地在自己选的那条路上，用跪着的或者站着的姿态执着地走到自己不想走下去的那天，不背负压力，也不承载期望。

坦白讲，我不看好他这次的选择，但我也支持他离开那份看起来旱涝保收，实则如一潭死水却需要他在千里之外漂泊半生的工作。我当时给他的意见是趁早换一份工作，稳定下来后再经营一个副业，但他已经等不及。但不管当下这一步他走得对不对,他确实自己改变了自己的人生轨迹,这已经是一个充满希望的开始。

还记得弟弟在筹备开店时,我对他说过,我不担心他的小生意以赔本收场,我只是担心这次失败会磨灭他的意志,让他下半生被挫败感困扰,从此变得畏首畏尾。我害怕他在与现实挣扎对决的时候,慢慢改变了自己,变得愤怒、阴郁、失去快乐的能力。真的,这些年,身边有太多因为生活失意而面目扭曲的人,他们只能在日复一日的平淡中平息自己的欲望和不满,慢慢变得麻木、市井,无论是行动上还是精神上,再无崛起的希望。我真的担心我弟弟,选择逆风而行,却被大风击退,在应该有所作为的年纪,退回到比原点更远的地方,无助地不知如何从头开始。

毕竟,他曾是那样一个温柔、灿烂的男生。

弟弟是我们家最小的孩子,比我小6岁,他的成长过程算得上顺风顺水。我见过他在不同人生阶段中的不同模样,唯独没有见过他变得世俗的样子。即便是已然26岁的他,面对这个世界的万事万物,依然保持着一份纯真。在他还安心工作没打算出来自己打拼的时候,我就不忍想象,他将来结婚生子,面对柴米油盐,如不堪生活压力,是否会变成另外一副模样,沉默着、叹息着,迅速老去,一晃眼,就不再是我眼前那个穿着白T恤和Vans鞋的明朗少年,变得安全而无趣。一如现在,我既担心他的生意不好,又担心他变得只权衡利弊,不照顾心情。

自开店后,大大小小的打击和考验一个接着一个,对他来说,说不清是好事还是坏事。他借不到钱的时候,他被旅店老板质疑专业性的时候,他站在大街上发传单遭受白眼的时候,他每天从早上忙到半夜账户上也没有增加多少钱的时候,他意识到自己已经26岁的时候,他觉得自己当初想得过于简单的时候,他闲下来发现自己仍一无所有的时候,他觉得爸妈已经很老的时候,他觉得看不到未来的时候。

这些"时候",很多人都经历过;这些"时候",是我们当年离家出走之后,要一点点挺过的关口;这些"时候",在我们出走半生后,会一点点磨蚀我们的温柔。

某一日,久不联络的他突然给我发来一张照片,照片上是六只可爱的狗宝宝,还未睁眼,乖巧地挤在纸箱里。我打了个问号发给他,他向我解释,有只流浪狗,生完宝宝不久被人用木棒残忍打死,他和附近居民去围观,发现了去世的狗狗留下了自己的孩子,他不忍心不管,旁人又都嫌麻烦,他就抱回店里照顾。

他不可能把这些狗宝宝全部留下来养大,而当时,我们老家正遭遇洪灾,道路已经冲毁,他也没有办法把这些狗宝宝送回去。于是,我们商议一番后,决定在微博和朋友圈发出收养求助,尽快给这些狗宝宝找到新家。

一周后,狗宝宝陆续被好心人收养。弟弟留下其中一只,取名大熊,以后互相陪伴。他不时给我发一些大熊的照片汇报近况,照片里,他的手温柔地托着大熊吃得胖胖的小身体,即便只是一张照片,我也能感受到一股温暖,直抵人心。

我很庆幸,也很安慰,因为通过这件小事,我可确信弟弟没有改变,哪怕这半年来经历诸多。过去他的内心极易被戳中,现在他的内心依旧很柔软。至少,当他身陷人生困境时,还有心情关心弱小生命,还愿意抛开自己的烦恼劳心劳力地做点儿与名利无关、与前程无关的事。所以,当他成为一个独立个体,当我们必须远远观望时,他的这份赤诚,仍值得我们为他牵肠挂肚。

亲爱的弟弟,愿你出走半生,归来仍是少年;若你归来不再少年,也要一直灿烂。你我都一样,平平凡凡,要慢慢接受平平淡淡,要慢慢跨越沟沟坎坎。生活的路再难,也不要黑化了自己、钝化了情感。在与生活对抗的过程中,不忘初心,才能免于流入世俗、回头无岸。

【后记】
在你们眼中，写作的女人长什么样

多年前我单身，那时生活圈子很小，不懂交际，加之自身软硬条件都不好，自然而然被所谓的婚恋市场归入"待挑选"的行列。现实就是这样，你可以大声宣讲我不怕孤单、我不急于脱单、我自己也能过得很好，但落在旁人眼里，这种说辞就只是一种不高级的自嘲和吃不到葡萄的自我宽解。彼时，一众适龄好友恋爱的恋爱、结婚的结婚，全都找到了归宿，甜蜜得直冒泡泡。我那时多不开窍啊，时不时去这家蹭一顿，去那家蹭一顿，以孤家寡人自居而成为大家施予关爱的"弱势群体"。在有朋友可投靠的陌生城市里，单身，其实真的也挺好的。

后来，年龄越来越大却一直消极等待缘分的我就成为大家的心病。亲人、同事、同学到处挖掘适龄男青年，广撒网、重点选拔，把我节假日的档期排得满满当当，我就此走上了漫漫相亲之路。

为了彰显我的与众不同、强化我的个人魅力，大家给了我一个"才女"的定位，因为那时我已经开始写稿子且常能在报刊上找到我的名字。对于那时又肥壮又闷葫芦又不会打扮且还不自知的我来说，这可能是我唯一的核心竞争力。我也曾误以为，相亲对象会因此把我当作大龄女青年中的一股清流，但事实是，我只是他们眼中的泥石流。

某男说："你们搞创作的女生，感情生活肯定特别丰富吧，谈过很多次恋爱吧？否则哪里写得出那么多故事，你们管这个叫体验生活吧？"

他一边说这话，一边用不怀好意的眼神上下扫描我，他企图从我身上找到一丝游戏人生的所谓洒脱，然后跟我谈谈人生，愉快地玩一场感情游戏。

可惜我看上去呆呆傻傻，浑身上下透着一股恋爱零经验的小白气息。

某男说："像你们这样的女生，肯定都喜欢云南和西藏吧？穿着破破烂烂去穷游，随便搭车、艳遇，话说你去过这两个地方洗涤灵魂吗？"

他一边说这话，一边用审视的眼神看我，想从我身上找到一种宿命感和缥缈感，然后把我定位为向往诗和远方、对艳遇充满渴望、能随时放飞自我的角色。

可惜我根本就不是那块料，我根本也没有料。而且我才不搞穷游那一套呢，我要是出去玩，必定揣着鼓鼓的钱包一头扎进当地的小吃一条街，从这头吃到那头，饿着肚子进去，扶着墙出来。

某男说："像你们这样的女生，肯定都得过抑郁症吧，喜欢怀疑人生，喜欢思考命运，能安心过日子吗？平日里说的话能听懂吗？"

他一边说这话，一边小心翼翼地试探我，他想把我归类到人生奇遇的范畴内，他觉得我应该出口成诗、之乎者也、咬文嚼字、一身酸气，以便成为他日后的谈资。

可惜我一张嘴就是满口东北话，惊叹时说的是"我的妈呀"，高兴时说的是"哇噻"，生气时说的是"你有病吧"，表达不可思议时说的是"哎哟"，非常烟火、非常市井。

某男一见我没有海藻般的长发，没有穿及踝棉布长裙，没有弱柳扶风反而膀大腰圆，不爱喝清咖爱喝可乐，不爱吃西餐爱吃米线和铁扦串儿，简直比世俗还世俗，连和我AA制吃顿饭的兴趣都没有。

某男见我以后直呼我为"老师"，一张口就知道事先恶补了很多晦涩的词汇，他和我掉了一个上午的"书袋"，不停地恭维我、赞美我，让我如坐针毡、超级不安，真想赶紧回家埋头学习，以便对得起他对我的高看。

某男还没见我就把我定位为林黛玉一样的存在，也准备了一腔我见犹怜的情怀，可是见了我之后便修改了对我的定位，酝酿的温柔未能释放，直接憋出内伤，我也变成"没有林黛玉的颜，只有林黛玉的心"的存在。

……

总之，有写作这项技能傍身，我不但没有增添个人魅力，反而被世俗"奇葩"化。一个一无所有的姑娘，可能就只是个一无所有的姑娘；但一个一无所有还热爱写作的姑娘，就是一个又穷又作的姑娘。

然而，几经坎坷，我还是恋爱了。可当男生妈妈听说我还做着写作这件事后，坚决将此列为反对的理由之一。在她的认知范围内，我注定是个活在小说情节里的人，是个活在梦里不知人间疾苦的人，是个不能过安分日子的人。

我也不知道我到底做错了什么，我不过就是喜欢在业余时间写点儿文章抒发心情顺便赚点儿零花钱而已。我当时都没谈过恋爱，写故事全靠观察、倾听和创作甚至编造，很多文章只是源于忽然冒出的一个念头，那些或撕心裂肺或甜蜜治愈的爱情故事，真的不是我体验来的；我在故事里是个谈情老手，我在现实中根本不会恋爱；我在键盘前，是吵架、调侃的一把好手，我在现实中，有很严重的社交恐惧症。我天天要上班要写字，哪有时间出去玩，赶上要交稿子的时候，我把自己憋在屋里都快发霉了。写字就是一种爱好和技能，真的不是"文绉绉""作女""多愁善感""热衷幻想""酸腐""清高"的代名词，谁能为我正名呢？

其实，我们和所有人都一样。要面对生老病死，要应付鸡毛蒜皮。你看,那个耳朵里插着耳机绕着小广场一圈一圈跑步只想减掉两斤肉的姑娘,她可能是个写字的;那个拎着购物袋和一群大妈排队等着买特价鸡蛋的姑娘,她可能是个写字的;那个拖着小娃在人行道上向幼儿园狂奔的年轻妈妈,她可能是个写字的;那个钻进商场一楼特价区一件一件淘特价货的,她可能是个写字的;那个穿着职业套装用中英参半的语言和同事打成一片的,她可能是个写字的;那个一边哄着客户一边背地里骂客户的姑娘,她可能是个写字的;那个穿着灰扑扑的T恤坐在路边吃羊肉串儿喝扎啤的姑娘,她可能是个写字的;那个出入高级餐厅一顿饭吃掉一个月工资的姑娘,她可能是个写字的……

我们和平常人是一样的,哪怕我们能写纯情的爱情故事,能写热血的励志鸡汤,能写犀利的观点文,我们也一直都是那个普普通通的人。

我们到底长什么样?其实和所有普通人一样。

图书在版编目（CIP）数据

别让你的焦虑，拖累你的人生 / 王小毛著 . — 北京：
人民日报出版社，2017.12
ISBN 978-7-5115-5120-7

Ⅰ . ①别… Ⅱ . ①王… Ⅲ . ①成功心理－通俗读物
Ⅳ . ① B848.4-49

中国版本图书馆 CIP 数据核字（2017）第 293509 号

书　　名：	别让你的焦虑，拖累你的人生
作　　者：	王小毛
出 版 人：	董　伟
责任编辑：	程文静
封面设计：	繁体字设计工作室
出版发行：	人民日报出版社
社　　址：	北京金台西路 2 号
邮政编码：	100733
发行热线：	（010）65369509　65369527　65369846　65363528
邮购热线：	（010）65369530　65363527
编辑热线：	（010）65363530
网　　址：	www.peopledailypress.com
经　　销：	新华书店
印　　刷：	北京鑫瑞兴印刷有限公司
开　　本：	880mm×1230mm　1/32
字　　数：	150 千字
印　　张：	7.5
印　　次：	2018 年 9 月第 1 版　2018 年 9 月第 1 次印刷
书　　号：	ISBN 978-7-5115-5120-7
定　　价：	45.00 元